热带鱼水族箱构建百科

〔英〕吉娜·桑福德　编著

章华民　译

河南科学技术出版社

·郑州·

目录

第一部分： 构建水族箱　6

第二部分 ：选择和日常维护　42

作者

　　吉娜・桑福德的养鱼兴趣始自一尾金鱼，进而喂养了多种鱼类，包括棘鱼、小鲈鱼、梭子鱼，最终兴趣落在热带观赏鱼。她喂养和繁殖过许多种热带观赏鱼，对鲶鱼科鱼类尤其感兴趣。吉娜・桑福德撰写了数本热带观赏鱼方面的著作，并为多家杂志社提供丰富的稿件。

其他供稿人

　　彼得・西斯柯克
　　斯图尔・特斯拉乌斯
　　尼克・佛莱彻
　　德瑞克・兰伯特

目录

第一部分

构建水族箱

构建水族箱的念头乍一闪现，你会觉得这是个颇为棘手的任务，但本书的第一部分会手把手教会你如何构建一只热带鱼水族箱。请用心阅读，然后亲手从头实际操作。你会需要什么设备？哪里可以安放水族箱？各个部件怎样拼装完美？在哪里可以买到这些设备？

解决这些问题的关键是找到一家信誉良好的水族零售商。你可以寻找一家单体店，一家园艺中心里的店铺，或是一家大型宠物店。一定要货比三家再选定最吸引你的水族箱。要认真听取商家给你的建议，仔细观察鱼群的健康状况。你还可以观察顾客们在水族店中逗留的时间长短；养鱼爱好者们会在一家好的店铺流连徘徊数小时，仔细寻觅并和店员交流攀谈。

现在你大可不必害怕别人当你是个十足的白丁，每个人都要从头学起，好的店家都明白这个道理。他们深谙此道，每一位养鱼新手如果能得到良好接待与持续的指导帮助，他们最终就会成为长期顾客。安静的时间，比如平日里（而不是过于忙碌的周末）或是早晨刚营业的时段，是造访水族店并讨论你需求的最佳时刻。在繁忙的周末，若是店家说等他腾出时间就马上来接待你，这是一个好的兆头。同样，当你来店中购买热带观赏鱼时，如果店老板不卖给你某个鱼种，因为它长得个头太大或性情凶猛，与你现有的鱼群不能混养或者喂养难度高，你可不要心生恼怒。

下一步，你要学会将购买来的鱼种放在一起，从而构建好你的水族箱。在以下内容里我们将逐步教会你这些知识，你要认真阅读这些知识和建议。我们的目标是帮助你成功地完成每一个步骤，最终让你拥有一只运转良好的水族箱。在健康而又美丽诱人的环境中来安置和展示热带观赏鱼，它们会陪伴你度过未来的美好时光，而你很快会成为一名全身心投入的养鱼爱好者。

选择鱼缸和底柜

鱼缸和底柜的风格在很大程度上取决于个人的品味和爱好，可选择的样式范围很广，你考虑的最主要因素应当包括：家中的可利用面积、预期投入的资金、打算喂养的鱼种数量和个体尺寸（这一点也受到家中可利用面积的影响）、你准备以何种方式将鱼缸和底柜运至家中。

鱼缸通常为长方体，由硅酮密封胶将玻璃黏合而成。零售商一般售卖标准尺寸的鱼缸，但也接受顾客定制的单子。如果选择定制，记住你的底柜也需要定制。一些鱼缸还配有缸盖，要么是本书中展示的标准形状，或是匹配特制鱼缸的铸模缸盖，全凭你自主选择。

信誉良好的水族店会建议你选择能承受的价格范围内的最优产品，许多店家会主动承诺运送你的车辆无法装下的大件鱼缸，但有些销售店会对这项额外服务收取费用。

有机玻璃鱼缸

有机玻璃鱼缸通常价格较贵，但已经逐渐成为普通玻璃鱼缸的替代品。比起容易生出擦痕和污渍的普通玻璃鱼缸，有机玻璃鱼缸是一大进步。

右图：这只正立方体玻璃鱼缸的长、宽、高尺寸均为45cm，在任何房间搁置都会很醒目，将其中任一面覆盖上背景就能提供全方位视角。

上图：缸体的上部边缘应当与帮助构成完整水族箱的底柜和缸盖颜色匹配，不能随意乱搭。用黑色基板做底柜支架有助于整个水族箱的完善。

下图：图中的鱼缸和底柜被设计为板式，你可以订购胶合板来搭配你的装饰。如构成有效冷凝盘的滑动玻璃盘一样，缸盖也是水族箱整体的一部分，可以让你接近鱼缸内部。在缸盖中有一个架子放灯，在后部有空间放置照明组件。缸盖背部的凹槽部分可以容纳缆线、通气管和过滤管。

左图：设计平整的底柜或成品底柜通常有售，选择也多。有些底柜在下部有小柜子，你可以安全整洁地安放照明组件、外置式过滤器和缆线，使它们隐藏起来。

上图：现在的养鱼爱好者在水族箱的尺寸和外形上有很大的选择余地。图中的弧形鱼缸坐在特制的底柜上，配有照明和过滤设备。

标准鱼缸的尺寸和容积：

鱼缸	容积	可容纳水量
60cm×30cm×30cm	54L	54kg
60cm×30cm×38cm	68L	68kg
90cm×30cm×30cm	81L	81kg
90cm×30cm×38cm	103L	103kg
120cm×30cm×30cm	108L	108kg
120cm×30cm×38cm	137L	137kg

水族箱选址

摆放水族箱的最佳位置

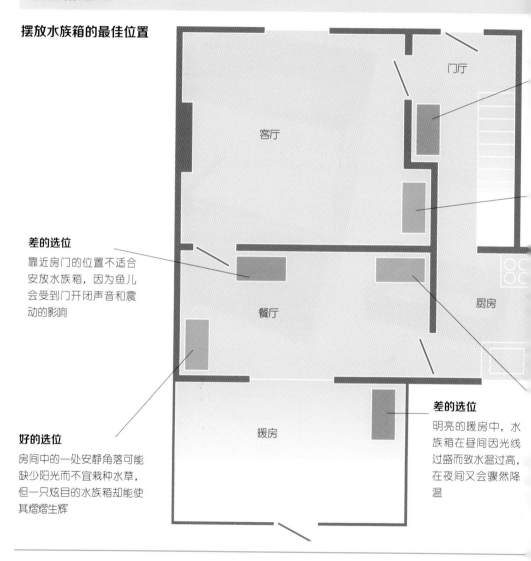

差的选位

靠近房门的位置不适合安放水族箱，因为鱼儿会受到门开闭声音和震动的影响

好的选位

房间中的一处安静角落可能缺少阳光而不宜栽种水草，但一只炫目的水族箱却能使其熠熠生辉

差的选位

明亮的暖房中，水族箱在昼间因光线过盛而致水温过高，在夜间又会骤然降温

差的选位

尽管摆放在门厅的水族箱是个亮点，但房门开闭引发的气流波动和人们过往的干扰使得门厅不是最佳选位

好的选位

选择像壁龛这样的安静位置安放水族箱，可以方便你接触鱼缸和利用电源

差的选位

将水族箱摆放在厨房不是个好主意，因为烹饪带来的油烟会干扰鱼儿

好的选位

此处是一个佳位，水族箱远离房门而不受过往人群的影响

因为在居室中很难找到最完美的放置条件，所以房间中的水族箱摆放位置往往是多种因素的综合考量。你要记住整套的水族箱装置非常重。1L 水重 1kg，本书中描述的一只 60cm×30cm×38cm 的水族箱蓄水量达 68kg，再加上鱼缸本身、底柜、岩石和砂石等的重量，会更惊人。在水泥地板上水族箱的巨大重量不会造成问题，但在其他类型的地板上，要尽量按以下建议摆放支架，这对大型的水族箱尤其重要。要考虑到尽量接近电源插座。水族箱摆放要稳固，以免砸到任何人和物；要尽量避免人员跌倒在鱼缸或电源上。

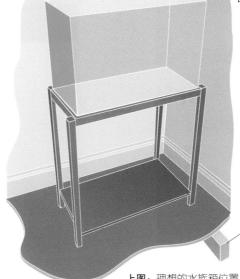

如果可能的话，摆放支架时让整个成品水族箱组件的重量落在托梁上而非地板上。

上图：理想的水族箱位置，应当摆放在不受往来人员、窗外灯光干扰和利于加热器散热的理想位置，也就是说尽量选择一处你能轻松安放和维护水族箱的安静角落。

安装水族箱

为了演示如何组装一只水族箱，我们先选择一个标准尺寸的鱼缸，规格为60cm×30cm×38cm。如果你是养鱼新手，而且居住在小居室或公寓，或者只能利用卧室安放水族箱，这是最理想的选择。它形状紧凑，易于组装。尽管相对较小，这种规格的水族箱却能蓄上充足的水量，从而防止任何急速的水质条件的波动变化，比如水温和pH值（酸碱度）变化。任何条件变化真正发生时，也会渐进缓行，使你的鱼儿能够承受住压力。

检查一下你的支架或底柜是否水平，确认当水族箱就位时，整体装置依然保持边边和前后方位水平。必要的话可以做出微调，但要请别人帮助固定住水族箱以免滑落砸住你

备忘录	剪刀
以下是你安装水族箱所需的物品清单：	美工刀
	螺丝刀
鱼缸和缸盖（也可能是整体部件）	钳子
	钢钉线卡
支架和底柜	胶布
木锤	绝缘胶带
安放在支架上的基板	水壶
聚苯乙烯板	指甲刷
水平仪	丰盛的咖啡或茶水

你的下一步任务是清洁鱼缸。鱼缸可能看上去非常干净，但如果你摸一下，内里肯定有一层细细的灰尘，若不处理，在成品水族箱的水域表面会出现一层灰膜。只能使用新布和清水来清洁鱼缸，任何洗涤剂残留对鱼群都是致命的

在鱼缸中注水来检查其是否漏水很有必要，漏水状况现在很罕见，也很容易补上。如果鱼缸漏水，将水抽干并咨询你的销售商，他应当负责调换。如果你买的二手鱼缸出现漏水，将水抽干并用水族箱专用硅酮密封胶将其重新封好

安装支架

上图：支架通常都有底腿，你可以上下旋转螺钉来调节高低。底柜可能要求在一侧边缘有填充物来达到合适的水平方位，在这种情形下，一定要保证使用安全材料。

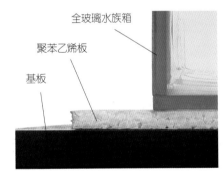

全玻璃水族箱

聚苯乙烯板

基板

上图：一定要将玻璃鱼缸放在聚苯乙烯板层上以均衡基板的不水平。一旦鱼缸注满水和放入砂石，哪怕是基板上的一小粒凸起物都能导致鱼缸的底层玻璃炸裂。

选择和准备底砂

在一定程度上，底砂的选择是个人爱好问题，但也必须满足你将要喂养的鱼儿的需求和所使用的过滤器类型的要求。

各种等级的天然沙子和砂石都有出售，最佳种类为圆粒和无石灰型（来自近岸地区的砂石会含有贝类碎屑，会硬化水质）。一些鱼类喜欢埋身于底砂，另外一些喜欢取食砂石中的渣粒，这样的话，河沙和细小或中等大小的砂石最为适宜。

另一考虑因素是你打算使用的过滤器类型。沙子和细砂石过于微小，会进入过滤器滤板的缝隙而造成堵塞，所以不适用于砂底过滤器。粗砂石可以用于较大鱼种，但需要细心，因为碎屑和遗留食物会陷在粗砂石间隙。

彩色砂石也有出售，但一定要在信誉度可靠的水族门店购买，因为对鱼类致命的一些染料在过去就是从某些彩色砂石中萃取的。

河沙
如果你喂养的是在水族箱底部水域活动的鱼种，那么圆粒的河沙是你的优良选择。这种河沙不密结在一起，水流和水草根系可以顺畅进出

粗砂
你可以在大型水族箱中使用粗砂，或将其与中号砂石混合达成一种不一样的效果，尤其适合营造水族箱中的溪床景象

中号砂石
这是观赏鱼领域的标准用砂，适合为任何型号的水族箱铺设底砂层

细砂石
细砂石适合小号水族箱。若小号水族箱中装入中号或粗砂石会显得不够协调

如果你要使用砂底过滤器，在添加底砂前请将过滤器安装固定在水族箱底部

添加砂石的时候要均匀铺展在鱼缸底部。一些人喜欢将底砂铺平展，还有些人愿意令其前低后高形成堤岸状。你可以自由选择，但应记住底砂厚度要足够栽种水草

添加砂石

沙子和砂石会很脏，尽管在离开采石场之前已被冲洗，但仍会蒙满尘污，在用于水族箱之前必须认真清洗。先将少量砂石放于清洗篮中，注水并用手搅动或用木铲翻动，然后将水沥干。必要时重复这一过程，直到洗出的水干净为止，所有底砂都应如此处理干净。

砂石的用量

有砂底过滤器的话，底砂应当大约 6cm 深并铺放均匀。如果你不使用砂底过滤器，底砂应厚 4~5cm。

安装内置式过滤器

过滤器有两种基本类型：内置型和外置型，正如其名，它们安装在水族箱的内部或外部。两种过滤器的工作原理相同，其工作原理也简单易懂：将水抽进来并通过过滤材料，滤净之后再返回水族箱，电动机驱动泵轮而带动水流。过滤材料提供较大面积供有益菌繁殖，这些有益菌能分解鱼类产生的大部分排泄物（见26页氮循环）。其他过滤材质如活性炭可放置于过滤器内，从而去除另外一些种类的有毒物质。

虹吸效应

在被抽回水族箱的同时，水还可以被虹吸管充进空气，这加速了水流运转并从水族箱表面抽进气流。

备用充气

尽管过滤器提供换气，但应当准备一只气泵和一块气泡石来提供备用充气，以防过滤器突然出现故障。

内置式过滤器

一只潜水泵提供动力来源，它可能有或没有虹吸管来给水充入空气（见上面说明）

右图：内置式过滤器适用于小型水族箱，其泡沫夹层可生长有益菌，在滤清鱼缸时用缸内的水冲洗泡沫（缸水在换水时要清掉）。用这种方法可以去除细小的凝结碎块，但是保留了泡沫中的有益菌。

泡沫盒能蓄养有益菌

这只塑料桶装有内置分离器，可使水流充分流通

安放过滤器时要让排气嘴朝外，沿水族箱对角线导流

安全第一

　　水族箱中无水时严禁启动过滤泵，以免短路。如果你想测试过滤泵，就将它没入一桶水中再行测试。

安装托架

　　打开你的过滤器包装，仔细阅读生产厂商的安装说明，因为不同品牌或型号的安装方法略有差异，要按照说明指导来组装过滤器。将厂家提供的吸盘安装在过滤器外部或一个承重托架上，可能你需要先润湿吸盘以使其吸附在玻璃上。

核对生厂商的安装说明，将过滤器头部安放在水平面或以下

在过滤器底部和底砂之间要留出空隙，以避免尘污和碎屑积聚，从而让水流自由进出滤筒

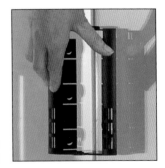

　　托架和吸盘使得移除过滤器并加以清洗和保养的任务变得简单方便。将托架安放在水族箱的后部角落中并紧紧抵住玻璃，将过滤器放入托架时要小心翼翼，不要硬挤，以免打破托架。

提升水温

热带观赏鱼和水草的存活要求适宜的水温，超出它们适宜生存的水温范围会令其身体机能停顿，甚至导致死亡。水温还影响到热带水生物的蓄氧能力，水温越高，它们的蓄氧量越低，不适应低氧量的鱼类会浮到水面喘息。在低水温条件下，鱼类趋于行动迟缓并在水域底部休眠。而水草会急剧增生蔓延，或是衰败死亡。幸运的是，借助现代科技的帮助，你可以从附近的水族零售商那里购买使用加热装置，轻松地让你的水族箱保持23~24℃的自然水温条件。你可能会认为具备中央供暖系统的居室不需要水族箱加热器，你错了！白天周边的室温会有助于保持水族箱中的水不凉，但不可能将水温提升至室温的水平，水族箱中的水会比室温低好几度。所以可以想象，在你晚间酣睡而供暖关闭期间会发生什么状况？水族箱的水温会降低，甚至有可能危及鱼儿的生命。因此你需要给鱼儿提供合理的温度范围，一只恒温加热器会帮助你成功做到这一点。

安全第一

只有在水族箱注满水的情况下才能启动加热器。

安装加热器

打开恒温加热器包装并保存好指导安装和调整的说明书。仔细阅读说明，因为各个制造商的产品会有差异。安装好吸盘，查看设定好的温度值，必要时进行调整。

在加热器底部和底砂之间留出小空隙，不要让底砂盖住加热器，否则会产生过热现象。要确保加热器前部的水流不被任何水族箱内部饰物阻隔

大多数生产商建议将加热器呈一定角度安放（加热部分头向下），以便热流上升时不直接经过恒温器

上图：吸盘通常由生产商提供，与加热器组件分开装箱。将其滑动套入加热器，一只在加热器底部，另一只在加热器上端。你可能需要润湿吸盘，以使其能黏附在水族箱的玻璃上。时刻记住要存有备用吸盘和恒温加热器。

加热器类型

　　结合式沉水恒温加热器是养鱼新手的理想选择，它易于调节，因为没于水中，一旦设定理想温度值，也不会轻易受到干扰。沉水式分离加热器和水族箱底部热垫式分离加热器也都有出售。这两种加热器都受外置或内置恒温器的控制。孩子们喜欢摆弄外置恒温器的旋钮，所以你要小心选择安装位置。市面上也出售安装有加热器的过滤器。

过滤器可促使水族箱中的水流动循环，使其流经加热器并温度上升

需要什么规格的加热器呢？你所需的加热器功率取决于你的水族箱大小，你可以参照每27L水需要50W功率的标准来选择

右图：结合式恒温加热器易于调节，你可以转动头部旋钮直到理想温度。其上刻有摄氏度或华氏度，甚至两种刻度值并列的各种型号加热器都有出售。有些加热器安有指示灯表明开关状态，使用时一定要看清标识。

选择和准备沉木

沉木在水族箱中非常实用，不仅外观令人赏心悦目，也是一些鱼类食谱的重要组成部分。相比岩石，沉木在形状和质地上都更具柔软性。这里描述的沼木和铁木一类的沉木，你在本地水族销售点都能买到，也可以选择藤根类木材。不要忍不住去荒原中搜寻木材，因为你无法确定寻获的材质是否合适。甲虫类喜欢在朽木中筑巢，在你心爱的水族箱中突然发现甲虫和其蛹卵实在是令人厌恶的情形！

沉木本身有尘污，购买之后要仔细查看并去除依附其上的苔藓渍痕和细根须。这些大多可以用干刷子扫掉，有些需要反复清洗和擦拭。你或者需要将大块沉木浸泡在水桶中（要是太大的沉木，可能还需要放在浴缸中浸泡）以释放掉会令水染色的单宁酸。沉木浸泡时要每天换水，直到水的染色程度微乎其微（过滤器中的活性炭也有助于减少溶入水中的单宁酸）。

人们一般以为将沼木涂上清漆会阻隔单宁酸溶入水中，但是沼木是一种天然材质，布满坑凹和缝隙，清漆难以完全渗入并覆盖，因此水仍会进入这些微小的缝隙，令清漆无法发挥作用。另外一个问题是那些诸如清道夫的鲶鱼类，会啃食沼木或者蹭拭沼木造就产卵坑，也让清漆的作用失效。涂清漆看来只适用于表面光滑的木质，比如竹子（见46页）。

你可以将沉木放置在加热器前方，但要确认不要直接倚靠在加热器上。在安放沉木时要小心，以免撞倒或打破加热器。沉木不仅是水族箱装饰的组成部分，还起到巧妙隐蔽加热器的实用功能

选择和准备沉木（人造木知识见 48 页）

放置沉木

　　将沉木安放到位并稳固植入底砂，确保它不会倾覆。沉木的安放不要影响可能需要更换或维修的设备的取放。如果你发现手头的沉木不适合水族箱，应尽量小心地进行分解而不要直接使用锯子。仔细观察沉木，要利用它的形状和纹理，如果它看似一个可以插入水族箱的树根，就此利用。如果它更像一个落枝，最好将其横放在水族箱底部。做此尝试时，水族箱中最好先不要放水，以便你随意把玩。

沼木是水族箱的装饰用标配用木，它比其余木质要求更充分地清洗和浸泡

铁木比沼木要贵，因为需要喷砂处理来清洁，木色也因此较淡一些

左图：一只硬鬃指甲刷或者板刷会清除掉沉木缝隙里的尘污和碎屑。尽可能将干木清除干净，可以先湿润木头，以便清理顽渍。

不要把任何沉木放置在过滤器前方，以免阻碍畅通的水流。最好先查看一下沉木是否顺利沉入水底，再放入水族箱，因为有些木质会漂浮起来

利用软木

　　软木可以用于水族箱。一些软木看似刚从树干剥离，需要充分浸泡，然后晾晒干净，用硅酮密封胶将其粘在一块岩板上，将岩板埋在砂石中，以防止软木漂浮起来。你还可以利用遮盖水族箱壁的软木砖，但一定不要涂抹清漆和使用硬背板软木砖，因为黏合软木和硬背板的黏合剂对热带鱼有毒。

选择和清洗石材

要记住水蚀石材比起破碎和棱角分明的石材看起来更自然些，尽量使用同一类型的石材而非混用不同颜色和质地的材料。如果你想在水族箱构建岩石结构，先把清洗干净的干石材用硅酮密封胶黏结在一起，再将其放入水族箱中，这样可以防止岩石结构塌落。

下图：这里展示的岩石都适用于普通混养水族箱，它们是惰性石材，也就是说不会往水中渗漏任何不好的物质，而且足够坚固，可以为想利用它们的鱼儿提供产卵地。

从高处摔落的岩石可以砸裂水族箱，所以要拿牢稳再往箱中摆放

不同深浅度的绿色和灰色岩石增加了你的石色选择范围

风化岩有着天然裂隙，在水族箱中可造就趣味十足的结构

板岩的深色调提供显著的对比色

这样的石材在水族箱灯光中闪烁着柔和的色彩

花岗岩的木纹理和坚固性赋予水族箱以"凝重"感

右图：岩石需要清理——认认真真地刷洗！黏附在看似干净的岩石上的尘污量是很惊人的，尤其是如果石材有深深的裂缝，像图中的这块风化岩石一样，一定要清除掉所有的灰尘、污渍、苔藓和地衣，以免污染你的水族箱。

不适合的石材

要避免使用能改变水的化学成分的石材。凝灰岩常用于海水水族箱，它也和石灰岩用于硬质淡水水族箱以保持水质的硬度。而这两种石材均不适用于我们要构建的热带鱼水族箱。

在往水族箱里添加沉重的岩石时务必要小心，以免打破你刚刚安装好的其他设备。

安放岩石

认真计划你要安放岩石的位置。岩石很沉重，你可能需要帮手来举起和定位大块儿岩材。慢慢来回运动将岩石移入底砂，然后坐实在玻璃底座上，这样可以防止鱼儿把岩石下面掏空。

当你对大块儿岩石的位置已经满意时，可以往上添加一些小块儿岩石直至完成整个构造。记住要留下足够的空间来更换和检修水族箱中的任何设备，并且避免阻断过滤器前方的水流。

左图：小块儿的水蚀卵石有助于减缓大块儿的棱角石的冲势。

构建稳固的岩石结构

如果你使用石块儿垒叠来创建洞穴结构，一定要使基层岩石坐稳固。鱼儿比你想象的要有力气得多，常会将看似稳固的岩石结构弄得移动塌落而砸裂水族箱玻璃，请一定记住牢固构筑岩石结构。

注水

往水族箱里添水

往水族箱里添水的基本方法是使用水罐添水。在此阶段，因为水族箱中还未添加鱼儿和水草，所以你使用冷热水均可。将水顺一块平坦的石材慢慢浇入，以避免搅乱底砂，这样不会破坏你的水族箱装饰成果。如果没有合适的石头帮助注水，就用一只碟子。

使用洁净的水杯开始往水族箱里添水。随着水平面的上涨，你可以用水桶往里慢慢注水，要保证底砂不被过分搅动

放入水族箱之前的砾石清洗得越干净，你注水时造成的混浊越少。水族箱里的水注满后，要认真整理浇水过猛时被搅动的底砂

自来水

本地自来水公司供应的用水是经过处理并适于人们使用的，里面通常使用氯气来净化水质，如果使用过量，你会在取水时闻到气味儿。如果自来水搁置24h，其中的氯气会自然挥发。你也可以使用气泡石来搅动水流来加速氯气的挥发进程。

另一种自来水公司常用的净化剂是氯胺，它不会自然挥发，所以较难处理。如果你所在地的自来水中使用了氯胺，你需要购买净水剂来中和氯胺，还能对付氯气。向你所在地的自来水公司查实他们往自来水中添加了哪些物质。如果公司待你友好，还会告知你他们是否打算用杀虫药物来冲洗主管道等信息，这也会影响你的鱼儿。

自来水中的其他污染物还包括农业用化肥渗入自来水管道的硝酸盐和磷酸盐，要知道一年中的污染值会有所变化。

水族箱消毒

如果你使用水桶，注意不要有任何清洁剂产品的残留，最好专用一只水桶来往水族箱中添水。

上图：使用净水剂是一种便捷可靠的方法。经过处理后，自来水就可以安全用于水族箱了。

pH 值

pH值（酸碱度）用于测定水质的酸碱水平，其数值从 0（纯酸性）到 14（纯碱性），数值 7 为中性值。试纸和电子测试仪都可用来检测 pH 值。

添加水草前的系统运转

氮循环的运行机制

在等待水族箱系统准备好让我们添加水草的同时，我们应当探索一些发生在水族箱内部的自然化学变化过程。其中最重要的是含氮化合物的流通过程，也就是人们常说的氮循环。这一自然进程是细菌将含氮的死腐废弃物由有毒物质如氨类，转化为无害且可被水草吸收的物质。你的水族箱系统刚刚构建好，这一过程就马上开始了，而且得到过滤系统的助推。当过滤系统开始繁殖有益菌时，氮循环就更加高效了。然而，一旦你往水中添鱼，氮循环体系就会超负荷，需要几天时间增加有益菌数量来处理多出的废弃物。所以你最好分几次添鱼，每次添加有限数量的鱼儿，而不是一次性添完。有益菌先是分解鱼类排泄和腐败物产生的有毒氨成分，然后氨被转化为亚硝酸盐。很低含量的亚硝酸盐也对鱼有毒害，亚硝酸盐又被细菌转化成为毒性低得多的硝酸盐。在理想状态下，所有的硝酸盐会被水草吸收，但在水族箱里事情远非这么简单！我们通常在水族箱中喂养过多的鱼儿，它们产生的废弃物太多，水草吸收不了，结果水中的硝酸盐值过高。为了去除过多的硝酸盐，我们可以进行定期的部分换水。

鱼儿通过鱼鳃和排泄物排出氨

硝酸盐被水草作为肥料吸收

毒性很大的氨被过滤系统中的细菌转化为亚硝酸盐

亚硝酸盐（即使低浓度也有毒性）被过滤系统中的细菌转化为硝酸盐

安全第一

确保所有设备合理安装（淹没至正确水平面并结合牢固），再行启动电源。

氧和二氧化碳含量

氧气和其他气体都在水表进出。使用气泡石和过滤器的出口喷嘴来搅动水流可以增加氧气含量，一定要牢记水温上升时水的蓄氧量会下降。溶入水中的二氧化碳的量会影响水族箱的纳鱼数量，但通气可以排出过量的二氧化碳。

要保证恒温加热器没入水中

水中的任何混浊都应当被过滤系统消除

检查过滤系统是否正常运转，必要时调节喷嘴方向和流速

水草造景

水草在平衡良好的水族箱体系中起重要的作用,它能够帮助降低水箱中硝酸盐的含量。要选择水草,而不要买家居植物,它们有时也被出售用于水族箱。

选择水草时要看大小、叶片形状和颜色。选择高株水草装饰水族箱后部背景,中株和短株水草用于箱体中部和前部。水草出售时或是盆栽,或是裸根,只要看上去健康无病就行(见33页)。

水草在水族箱中要个体栽种,不要密植,这看似麻烦却很值得(这就像你不会在一个坑中同时种植3~4棵卷心菜或玫瑰,却苛求它们能健康生长)。在植株间留够空间,让光线能到达根部的底砂上。要成排种植并交错开,让整个水草株群从水族箱正面看上去像一面绿墙。

安全第一

在水族箱中开始栽种水草之前,应关闭所有电力设备。作为进一步的安全措施,最好拔掉设备的电源插头。

这株健康的虎耳草栽种在一个小塑料花盆盛装的营养基中

椒草不得有破损叶片,这一点很重要,否则会很快锈败到冠层

左图: 从盆装营养基中拆开后可以看出这株椒草由几个小植株组成,要让每个植株有自己的生长空间,使水族箱生成一层绿毯。

（更多适宜种植的水草细节见 50~57 页）

栽种水兰

　　轻轻握住水兰并接近水族箱底部，用同只手的一个手指在砾石中抠出小洞，可以防止在将水草插进底砂时损伤枝干和根部。栽埋的深度为不让水草松动即可，这需要一些实践。

重复这一做法，在前排水草中间空隙前种好下一排水草，与前一排整个间距 2cm，必要时种植更多整排或半排水草

开始栽种水草之前，略微降低水平面，这样可以防止溅水，还能不打湿衣袖

每株水草与前一株间隔 2cm，持续到你沿水族箱后部种好一排高度符合要求的水草

　　先在水族箱后部栽种一排，再接着决定。栽种深度由植株类型决定，看图中水草根部的白色区域，其上部应当在砾石层表面。

水草造景

有些水草以剪枝状态出售，包装方法有盆装、扎束或松散形式。无论买到哪种剪枝水草，都要遵循相同的处理原则：寻找绿叶繁茂、无枯死叶片和枝干的健康植株。剪枝水草容易从底部腐变，因为在插入砾石中时枝干已经被剪刀损伤。那些用金属条捆绑成簇的剪枝水草尤其容易腐坏，因为金属条会挫伤枝干而成为感染源。

剪枝水草在水族箱中有一个很大的优点：你可以将其剪成符合要求的长度来达成你最喜爱的设计。自然生长高度较高的水草可以栽植在水族箱后部，经过剪枝后的水草可以栽种得前排比后排高度梯次降低，形成绿植墙篱。

左图：将金属条小心从水盾草的底部去除，轻轻分离每一剪枝。一定要有耐心，水盾草是一种娇嫩而又易受瘀伤的水草。

左图：用一把锋利的剪刀将叶根以下的裸露受损枝干剪除，已经受损的整株也要扔掉。如果需要更短的植株，就沿着枝干继续往上剪。

▶ 提醒和建议

买好的水草拿到家后要小心解开包装。一旦准备栽种，将植株摆放在盛有浅水的盘中以避免脱水，必要时用塑料袋将其覆盖。

要投入充足的时间在水族箱中栽种水草，仓促完成容易损伤植株。

如果一次买不齐需要栽种的全部水草，以后可以适度添加。

剪枝出售的水生水草

可以剪枝出售的水生水草主要有假马齿苋属、水盾草属、小狮子草属和紫藤属等，请用这里介绍的方法处理以上水草和其他任何你遇到的剪枝水草。

（更多适宜种植的水草细节见 50~57 页）

种植水盾草

　　水盾草的栽种要先从水族箱后部开始，逐渐向前部推进，要小心避免拔出已经栽种好的水草。在下图这只已栽种好的水族箱里，我们在前端留出一块空地以便在底部水域栖息的鱼类能够自由进出和觅食。

要单独栽种每一植株，植株间的空间要适度，叶片相接（因品种而异），光照可以到达底砂

要选择颜色和叶片形状互补的水草。水兰的粗叶能很好地掩盖过滤器，而水盾草的嫩细叶子则会被过滤器磨损，因此更适合用于安静的角落

继续栽种水草，直到你构筑起跨越水族箱后部的一堵水草篱墙，但要避免将水盾草栽种在过滤器前方，以免喷出的水流损伤水草

水草造景

　　你可以使用像皇冠草那样的大型植株在水族箱中营造一个视觉焦点，因为植株蓬大，如本页图中的水族箱里只需栽种一株就足够了。但皇冠草里的矮株系铁叶皇冠草形态较小，适合栽种于水族箱前部，可以覆盖底砂层。

　　你还可以栽种椒草作为景观水草，周边配上几株高一些的植株，在中部和前部区域栽一些低矮的覆盖水草。栽种成活后，这些水草会生长蔓延，你需要控制它们的生长，否则会泛滥成灾。这些水草以盆装或裸根形式出售，你会发现有时一盆里多达 6~7 株椒草。

栽种皇冠草

　　握住准备好的植株伸近水族箱底，用手指在砾石中抠出小洞，将植株轻柔地推入底砂中。要确保水草根部埋进底砂，否则会随波漂浮出来。

皇冠草叶面伸展面积较大，造就水族箱中的阴影区域，这种区域最适合喜阴的矮株水草，比如一些小型椒草属水草

皇冠草一定要栽种到位，既能充分展示风姿又有伸展空间，最好选择在卵石后方和沉木前面的位置

（更多适宜种植的水草细节见 50~57 页）

选择健康的水草

　　要选择健康的绿色水草（也可能水草的天然色彩是红色），水草要没有黄色病变现象。选择那些叶片纹理间距小的水草（若间距较大，表明是催长的水草）。避免选择有叶片损伤（有孔洞或撕裂）或落叶、叶冠和叶茎损伤的水草。

在水族箱中继续栽种水草。你可以在岩石一侧栽上一簇水丁香来掩住石头的棱角，或者在岩石和卵石之间种上一两株椒草。完成栽种后，将水族箱再次注满水

1. 将水草从盆中取出并轻轻抖掉裹在底部的营养基，水草的底部和根系会显现出来，若根系健康的话应呈现白色。

2. 小心去除黏附在根系的任何小块营养基，像一层粗过滤棉一样的营养基会更难清除掉。

准备箱盖

水族箱盖不仅可以盖住水族箱，防止尘污进入和鱼儿跳出，还可以放置帮助你查看爱鱼和促进水草健康生长必需的照明光源。水族箱有多种风格的箱盖，这里讲述的准备和安装程序可能要稍做修改才能适用于你所拥有的箱盖。比如，有些箱盖在前部已经安装有灯头夹，而另一些是整体箱盖，灯管安在玻璃架子上。搞清楚你需要哪种形式的箱盖。打开箱盖包装和灯光启动器，查验你所需的一切物品。

灯管

日光灯管现在是标准工业产品，人们研发出若干种灯光颜色来模拟日光，以促进水草健康生长并强化鱼儿多彩颜色的欣赏效果。多种色彩的日光灯可以混合使用，例如，底部的白灯搭配顶部的粉红灯可以呈现出全光谱色彩，极大地增强了鱼儿色彩的表现能力。蓝色日光灯主要用于海水鱼类和无脊椎动物。对新手而言，优质的白色日光灯是最佳选择。

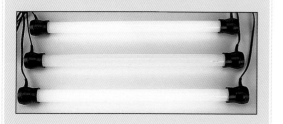

在箱盖中安装日光灯

1. 将启动器安装在箱盖背部的空室。启动器很重，所以先将箱盖放在桌子或地板上进行操作，以免东西偶然坠落进水族箱而砸坏箱体或里面的设备。

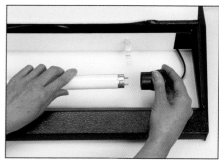

2. 小心连接灯管，确认灯管脚插入灯座的孔洞中。不要为了图方便而削切底座的黑色外套，它可以隔绝水与电，从而保护你的安全。

在箱盖中安装照明灯

　　将灯管对齐灯头夹，轻轻将灯管推送到位，小心不要太用力而损坏灯头夹或灯管。安装时你可能需要帮手，因为箱盖的前盖儿容易落下砸住你的手，所以最好有旁人帮你撑住前盖儿。前盖儿虽轻，也不会真正伤着你，但真的掉落也是挺烦人的。

更换灯管

　　记住照明灯的寿命有限，若使用超过 6~12 个月，尽管有时看上去还很明亮，也应当及时更换，这对保持水草的健康生长很重要。

轻轻将多余的导线部分从箱盖的孔洞中拉出并整齐排放在后腔室

箱盖衬里为白色，有助于将光向水族箱反射

束线带将离散的导线绑扎整齐，将导线置于后腔室

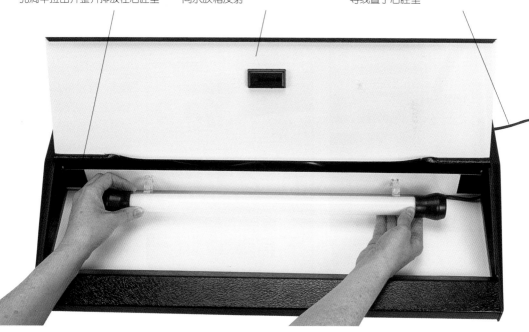

安装冷凝盘和箱盖

冷凝盘有三种功用：靠减少蒸发而限制水分丧失；阻挡少量水蒸气升腾到照明组件的电气装配中；防止鱼儿跃出水族箱。冷凝盘可以是塑料制品，也可为玻璃制品。有时你需要改造冷凝盘来容纳线缆和管道。

一些水族箱配有安装了滑道的玻璃冷凝盘，使得取放非常方便。因为冷凝盘由透明材料制成，光照可以完全投射进水族箱。如果透明度减小，水草生长可就要受到影响了。因此，一定要保证冷凝盘玻璃表面时刻干净透亮，可以定期用湿布仔细擦拭以去除藻类、结晶的盐类和你投喂饵料时撒落的片状食物残留。

成品箱盖

你可以购买已经安装好日光灯管的箱盖作为完整水族箱系统的一部分。这种箱盖中的照明设备有防水保护，意味着不必要再安装冷凝盘了。

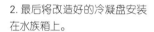

2. 最后将改造好的冷凝盘安装在水族箱上。

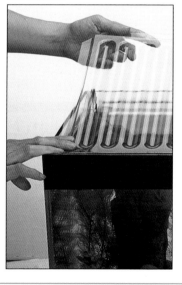

1. 检查电线和管道能否顺利穿过冷凝盘截断面和水族箱之间的空隙。要记住，若使用图中所示类型的冷凝盘时，你还得将它在水族箱前面的部分切去一个角来方便你投食喂鱼。

安装箱盖

这可是一个较难的操作，因为完成照明安装的箱盖会很沉重。如果你不确定单靠自己就能举起箱盖并在水族箱上安装就位，最好请别人来帮忙，这比把箱盖砸进水族箱更为安全。因为电源主线在箱盖背后扯出，你要么把插头塞到衣服兜里，要么把电线缠好放进箱盖后腔室，以免绊倒你自己。

确保在安放到水族箱上时，箱盖正反面方向正确，安装启动器的腔室位于水族箱背面

在箱盖落到水族箱上时，冷凝盘一定要已经稳固到位，如果带有沉重照明设备的箱盖滑落，会直接损坏冷凝盘

在安放箱盖之前往后站几步仔细观看水族箱，必要时将里面的水草和装饰做细微调整

选择背景和磨合水族箱

背景选择是个人的喜好。最佳的背景物是成卷的塑料材料，这样不仅防水，还易于切割成合适的尺寸。如果选择图片背景，你需要修剪以符合水族箱的高度，图片的图案设计决定你是该修剪它的上部还是底部。如果图片背景是水草鱼缸，你要修剪底部，否则你会透过你的水族箱看到图片上水草的头部截面。但图片背景是树根的话，你就要修剪图片上部来充分展示树木的美丽根系。

添加温度计

将温度计装在容易接触和读取的位置，要避免安在过滤器喷出的水流正前方，以免撞击到水族箱玻璃。图中这种内置温度计比起粘贴式温度计用途更广泛，换水时你可以拿掉它来检测水温。若使用粘贴式温度计，要安放在一处合适的位置，使其不受照射在水族箱上的阳光或附近暖气片散热的影响。

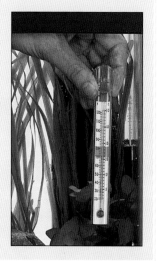

右图： 温度计的良好安放位置可以是水族箱前部的一处角落，这样温度计头部可以刚好没入水平面。

要选择与你的水族箱互补的背景墙，比如在你漂亮的水族箱水草后衬上一幅硬实的石墙图片背景肯定格格不入。我们可以选择黑色的中性背景，既增加水族箱的深度效果，又凸显水草和鱼类的多姿多彩。

左图： 将背景墙贴在水族箱后部的背面，用透明胶带顺着每一侧进行粘贴，并且粘贴完全和牢稳。图中所示大小的水族箱这种粘法就可以，但宽大些的水族箱需要沿着顶部和底部粘贴更多的胶带，此时你可能需要帮手。

这一卷轴一侧是黑色，另一侧为蓝色，蓝色一侧的色调从亮到暗沿展开面变化。黑、蓝两种颜色都可提供一个中性背景

磨合水族箱

　　开启所有设备并检验是否运转正常，记住水族箱需要时间来使其磨合达到最佳状态。过滤系统的完全磨合需要 36d 左右，但你可以在其运行 10d 后投放第一批鱼儿，之后再添加一批。用这种方式，你可在 5~6 周甚至更长时间段里组建出完整的鱼群。

照明应当一天中持续长达 14h，以促进水草的健康成长，做到这一点的最佳方法是使用一个定时器自动开启照明。

在最初的几周里，好氧菌在过滤棉中开始繁殖，这种细菌有助于分解鱼儿排出的废弃物

要一天检查温度计两次并记录读数，昼夜间或隔天之间有约 1℃ 的波动属于正常，尤其在炎热的天气里

投放热带鱼

 构建新水族箱过程中最激动人心的事情之一是投放第一批鱼儿。认真选择你的爱鱼，因为它们要陪伴你数年之久。水族零售商会把你的鱼儿装进一个充有少量水和大量空气的塑料袋子里，然后再装到一个手提袋里，因为在暗处的鱼儿在运输途中能少受惊吓。

 如果天气很寒冷或炎热，可以携带一个保温箱或保温包来保证鱼儿在回家的途中不受极致寒热的影响，这是一个聪明的防范措施。买完鱼后径直回家，鱼儿可以在转运途中经历最少的颠簸时间，从而少受一些惊扰。这样的目的是给鱼儿一个尽可能好的新生活开端。

2. 如果要经过较长行程才能将鱼儿带回家，最好途中解开袋子给鱼儿透进一些新鲜空气。放鱼时，要小心卷下袋子边缘并套在水族箱边上，防止水流导致袋子晃动。你可以像图中所示处理鱼袋来使袋中的水温与水族箱一致。

1. 当你到家时，小心去除外面的袋子。

一个常见误区

 长期以来，人们认为将购鱼袋里的水倒入水族箱里，会让鱼儿早点适应水族箱里的水质，这种做法并无实际意义，因为鱼儿要经过数天，而非几分钟或几小时来适应新的水环境的变化。

3. 当水温均衡后，轻柔地将鱼儿放入水族箱，不要颠覆鱼袋直接倾倒，而是要慢慢地把鱼袋倒下来，用一只手将袋口撑开，缓缓竖立底部来促使鱼儿游出。

添入新鱼而又装饰一新的水族箱

投放完鱼儿，小心而安静地重新安装好冷凝盘和箱盖。开启照明，坐下来欣赏一下你的手艺吧！

起初，鱼儿会隐藏在水草中，但只需几分钟它们就会冒出头来侦察一下自己的新家

不要猛力关箱盖，发出的声音会惊扰鱼儿

一开始，鱼儿会呈现淡色，这很正常，因为它们不确定周边的新环境。当信心重建时，它们的体彩会渐趋绚丽

要监控水温，但不宜太频繁而执着地观察。记住，1~2 ℃的波动是可允许的变化范围

第二部分

选择和日常维护

在本书的第二部分，我们先分析一些可供选择的过滤设备。过滤系统种类繁多，价格不等。我们为我们的水族箱选择了一种简单有效的内置式过滤器，但你或许希望考虑其他类型。如果你要构建的是一只大型水族箱，可以选择一个外置式过滤器，它可以提供更强劲的水流和选择过滤内容。

我们也顺便探讨更多有关水族箱装饰和水生水草选择的细节，这使你在无法寻获我们前面重点介绍的构建水族箱所用水草品种时可以多一些选择。

一些或喜或悲的意外事件总会发生在水族箱中。比如鱼儿的繁殖问题，要是你突然在水族箱里意外发现一群孔雀鱼该怎么办呢？ 在繁殖问题上有一小部分篇幅专门讲述，为你提供解决问题的方法。同样，浑身覆满白点的鱼儿该怎样救治呢？你可以查看健康篇来寻求指导。

首先我们来看如何维护你如此细心构筑的水族箱。进行定期而又彻底的保养的重要性再怎么强调也不为过。牢记及时补充耗材，如过滤棉，或者储备备用器材，这看似老生常谈，但如果出现类似加热器突然损坏的情况，你可能无法立刻购买新品，那就麻烦了。

构建一只热带鱼水族箱是你面临的一个挑战，但当你的努力最终转化为一个健康快乐的水族世界，所有的辛苦都是值得的。养鱼是很好的社交性爱好，同他人谈论彼此的爱鱼是一大乐趣，享受这一切吧！

使用外置式过滤器

有若干家公司生产外置式过滤器，规格和型号各异，你需要选择一个适宜你自己水族箱的产品。从理论上讲，过滤器应当在 1h 内将水族箱里的水整个过滤两遍，而在实际中，往往效率稍低一点，因为杂物会在过滤罐中沉积而减缓水流。流速通常会在过滤器外壳上以 L / h 来显示。

有些过滤器在顶部同时具有进水阀和出水阀，另外一些型号则进水阀在过滤罐体底部，出水阀在顶部。两种类型的过滤器工作原理都一样：水族箱中的水流被抽入流经过滤材料，然后再泵回水族箱内。这种过滤器系统的主要优点在于占用水族箱里的宝贵空间不太多，易于保养维修，功能多样且效率高。而缺点是制造成本高，外置式过滤器比其他形式的过滤器更昂贵，但是你的鱼儿们的生命不也很珍贵吗？

外置式过滤器比内置式过滤器要大得多，因而能容下更多的过滤媒质，以利于有益菌的繁殖。外置式过滤器安装在水族箱外部，更易于维修保养。多数外置式过滤器配有截流阀，在关闭状态下，你可以拆下过滤器并拿到水槽进行清洗。记住，清洗时用换水换下的水族箱水来冲洗过滤材料（泡沫垫和多孔陶块儿），以避免杀光有益菌。你可以丢弃肮脏的过滤棉层，用新的来替换。

外置式过滤器构造

泵的外壳安有进水阀和出水阀管道

过滤棉能防止任何细小微粒沉淀在泵轮上

活性炭可以去除有害物质

过滤棉组织活性炭与多孔陶块儿混合

多孔陶块儿为有益菌提供理想的繁殖媒质

泡沫垫挡住大块碎屑

塑料桶用管夹固定在泵的外壳上，从而完成整个过滤器的构造

上图：这是一个典型的外置式过滤器。你可以略微改造一下过滤媒质：如果喂养要求酸性条件的软质水鱼类时，可以添加一只装有少量泥炭块的网包；硬质水中可以添加石灰石芯片。

将抽水管刚好安放在底砂之上（本图中看似位置较高，是因为还没有铺设底砂）。这样的话，如果类似返水管突然松动脱出水族箱的糟糕情况发生，水族箱里的水也不会被全部抽干，少量剩余的水会有助于鱼儿存活

将返水管安装得略高或略低于水表面。本图中为了突出摄影效果将其安装位置弄低了一些，按理想位置安装的话，返水管会隐在水族箱前部的黑色边框后

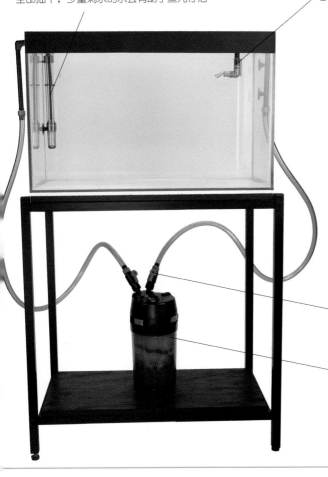

上图：你可以用吸盘将返水管的硬塑部分吸附在水族箱玻璃的外部表面，这样返水管能够越过水族箱上部的条形玻璃而伸进水族箱。

截流阀可以防止在拆开过滤罐维修时将水洒得到处都是

外置式过滤器最常见的安装位置是水族箱下面。如果你有底柜，也可以将外置式过滤器安放其中，但要保证其周围空气流通，因为泵在封闭空间里容易过热

装饰材料的选择

　　除了我们在 20~23 页里探讨的沉木和岩石之外，还有其他的装饰材料可以利用来装潢水族箱，这包括各种宽度的竹子，还有树皮块儿也能连在一起制造出较大的片状连体效果。寻找利用形状特异的沼木块儿，也能创建焦点景致。除了普通背景装饰物外，还有立体款式的背景和仿自然质地形态的塑料预制结构背景装饰。

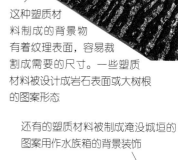

这种塑质材料制成的背景物有着纹理表面，容易裁割成需要的尺寸。一些塑质材料被设计成岩石表面或大树根的图案形态

右图：竹节唤起人们对亚洲河溪生态水景的联想。将细竹节涂上清漆防腐，或是用新竹节替换腐朽的旧物。

还有的塑质材料被制成淹没城垣的图案用作水族箱的背景装饰

左图：大的竹节必须里外刷上清漆来预防腐烂，要保证木质彻底干燥并使用合适的漆料。

树木和原木可用于大型水族箱的背景装饰

因为竹子和软木会漂浮到水面，所以必须被加重沉入水底或粘贴到位。沉木可以用硅酮密封胶粘固在像大块儿岩石一类的重物上，或是底砂下的一个平槽或一片平玻璃上，这样沉木就看似落在底砂之上。

可用硅酮密封胶将树皮块儿黏结在一片玻璃上，然后把玻璃隐没在底砂之下

岩石图片背景能够增加已有相似颜色和质地岩石材料装饰的水族箱的纵深感

水草背景画能与栽有水草的水族箱巧妙结合

形状扭曲特异的树根也是水族箱的一种可选背景装饰

人工装饰材料

如果你不喜欢往水族箱里添加岩石和沉木，也可选择人工装饰替代材料。各种形态和大小的仿岩石类结构都有出售，你可以用来方便快捷地制作石墙和拱廊等景观。人工沉木仿制得惟妙惟肖，尤其与真实水草结合在一处时更是如此。这些种类的人工饰物优点在于不需要任何准备（除了快速冲洗一下灰尘），而且不会影响水质。但不利的是它们不如天然沉木和石材个性化，你或许发现一条街上的朋友居然有着与你一模一样的水族箱装饰。如果你决定使用人工装饰，一定记着所有的拼块，比如沉木，买自同一生产商，因为每一块材料颜色图案和表面结构都是彼此联系的，把不同的产品混在一起会很不搭。

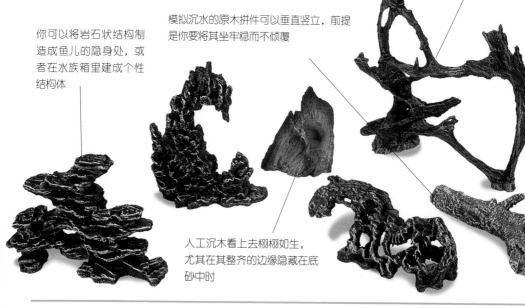

这些树枝状拼件的摆放很好地创建出缠结效果，增强了水族箱的装饰品味

你可以将岩石状结构制造成鱼儿的隐身处，或者在水族箱里建成个性结构体

模拟沉水的原木拼件可以垂直竖立，前提是你要将其坐牢稳而不倾覆

人工沉木看上去栩栩如生，尤其在其整齐的边缘隐藏在底砂中时

　　当然，开发生产水族箱新奇装饰物品的市场已然形成，你是否使用这些物品纯属个人选择问题。如果新奇装饰物品售自大的生产商，你可以放心使用——它们不会含有任何有毒物质；要避免购买产地来源不明的廉价塑料新奇饰品，因为其中很可能使用了对鱼儿有害的原材料。无论你突发奇想想选择帆船、潜水员、水下城堡或是卡通鱼类，总能找到合适的产品。有些物品，像这里图示的潜水员是充气玩具，你可以在玩具上连接一根气管并通到气泵上，上升到水面的气泡不仅让潜水员栩栩如生，还帮助搅动水表面，提升水族箱的换气能力。

在购买一只像这个玩具潜水员一样的充气模型之前，要确定你现有的气泵可以为其提供动力

左图：小心安装人工岩石结构，它们可以遮住上升管道和加热器等设备，但要保证不影响人们接触设备和水流顺畅进出设备。

幼童非常喜欢这样颜色艳丽的卡通饰物

后景水草

顺水族箱里后部位置栽种的水草应当都是生长高大的品种，群栽胜过个体栽种。在大点的水族箱中，阔叶水草如皇冠草属，既可单株栽种，也可以较宽间距地群栽。因为阔叶水草看上去雄伟壮观；但其与小叶片的茎类水草搭配效果不佳，可以将其与大块儿岩石或沉木放置在一起。另外，蓬密的茎类水草如水盾草、石龙尾或狐尾藻等草属，在群栽时效果良好，也很搭配邻近较高的小叶茎类水草如节节草、水蕴草、假马齿苋或者水丁香等草属。

左图： 大宝塔草在日光灯照射下生长良好，它的丝质细叶为中景和前景水族箱水草提供了诱人的陪衬。

小狮子草

右图： 粉绿狐尾藻在大多数水族箱中生长良好，尤其当你定期在水中添加复合肥并提供金属卤素灯照明的条件下。

后景水草品种

适宜的后景水草包括虎耳草、菊花草、泰国葱头、皇冠草属、水蕴草、小狮子草、大宝塔草、叶底红、粉绿狐尾藻、红蝴蝶和美洲苦草等品种。

定位栽种水草

在水流经过区域，比如靠近过滤器出水口的位置，有着狭长叶片的后景水草是最佳选择。它们适应持续的水流干扰，在水族箱中形成动感画面。苦草属和文殊兰属水草为理想选择。后景水草可以顺着水族箱边侧蔓延生长，构成更封闭的生态环境和"边界"，以利于水族箱的展示。

水族箱里的水草可按多种不同的方式摆放和群栽来创建出有趣的设计形态。尽管你会忍不住使用多个品种的水草，但较大面积栽种有限的品种会更易于打理而且凸显成效。

上图：扭水兰得名于它那颇引人注目的扭结叶片，它不会像丝带水兰长得那么高，走茎繁殖。

丝带水兰长得很高，叶片脆而易折，呈螺旋上升状

不同品种皇冠草的叶片形状变化多样，你要利用宽大叶片的皇冠草来制造水族箱中的阴影区域

阔叶皇冠草能适应广泛的水质变化，包括硬碱水

中景水草

　　中景其实是前景和后景的综合过渡，在此处最适合栽种能够修剪成多种高度的水草。用一种特定水草整齐排列栽种在中景位置，后景使用高大些的水草，前景水草梯次变矮。这种完美结合的布景适用的水草有篷子草属、假马齿苋属、异蕊花属、小狮子草属和珍珠菜属等。

虎耳草是水族箱中部地带的良好水草选择

水草的剪枝

　　一些常用水草剪枝的原材料来自它们生长的热带地区，在干旱季节里采摘下来，此时它们有着木质茎秆，还可能绽放花朵，叶片形状与淹没在水中时不同。很容易区分水草原来是否露出水表生长：若是，你握住水草的茎秆底部，它仍能保持挺立；如果用这种方法测试水下生长的水草，它会耷拉下来，因为在水下生长时，令其挺立的是水的浮力。你可以利用这些干燥的木质水草剪枝来为你的水族箱制作水下水草。先将其栽入注满水的一只备用水族箱并耐心等待，去除枯死的叶片。过一段时间后，嫩枝会从一些叶根处长出，将其剪除并按原先的剪枝模样栽种在水族箱中。你所做的就是重复自然界中水草的正常生长循环，给它提供突然到来的"雨季"。在此条件下，水草会在水中生长出叶片以存活，这种叶片比起水草挺立在水面以上的叶片要更加柔嫩，形状也有差异。

中景水草品种

篷子草属

小水榕

假马齿苋

苹果草

牛顿草

小竹叶

天胡荽属

金钱草

有翅星蕨

扁叶慈姑是种多功能水草，在开阔空间里可以作为中景水草单株种植，或者在水族箱中央群栽，要注意光照充足并提供足量铁元素

尽管经常作为池塘边缘水草出售，金钱草也适用于水族箱。给予充分光照的话，金钱草是一种适应性强、要求不高，在较低水温中也生长良好的水草

上图：香香草叶片和茎秆独特的分枝生长形态令其成为中景水草的特色选择。

前景水草·漂浮水草

水族箱的前景区域为鱼儿提供开阔的游弋空间，不应营造成为"水下丛林"。但根据水族箱的大小，也可以选择一两种地毯状水草覆盖在裸露的底砂之上，而又不侵占鱼儿的巡游领地。前景区域也是个体标本水草的良好选址，比如生长在一块沼木上的小水榕，它可以放置在独立区域或地毯状水草中间。

右图：本图中的大鹿角苔生长在一块放置在前景区域的陶石上。

小椒草是生长高度不超过5cm的微小水草，在光照充足时会在开阔空间蔓延生长

小叶珍珠金钱草生长快速，需要经常修剪以保持形体

上图：牛毛毡草的草状叶子很受小鱼儿的喜欢。

前景水草品种

小水榕
小椒草
牛毛毡草
针叶皇冠草
迷你兰
匙子萍
珍珠金钱草
大鹿角苔
瓜皮草
水茴草
爪哇莫丝

漂浮水草在水族箱中起着有益作用。首先它们在水族箱"栩栩如生"的展示性方面起着重要作用，能够复制自然环境中江河湖海布满水草的水表状态。它们还为喜阴的水草提供遮蔽，为水表浮游的鱼儿添加庇护。漂浮水草在水族箱中生长迅速，在光照充足的环境中繁殖尤其旺盛。

下图：尽管金鱼藻经常被种植于底砂中，其实它是真正的漂浮水草，适合低水温条件。

漂浮水草品种
金鱼藻属
水蕨属
凤眼莲
水丁香
水浮莲
鹿角苔
槐叶萍

左图：水浮莲的厚实叶片上有细小绒毛，赋予其天鹅绒般的质地，要为其提供良好的通风和充分金属卤素灯光照。

右图：槐叶萍的细羽状根系能够最大程度地吸收水中的营养成分，还构成鱼儿的隐藏地。

沉木上的水草栽植

人们喜欢将铁皇冠一类的水草栽种在沉木或多孔岩上而非底砂上，这种方法在你想要在水族箱中制造亮点或喂养喜欢在底砂中打洞的鱼类时尤为适用。

1.你需要一块沉木，一些尼龙线，一把剪刀和一株健康的铁皇冠。

2. 剪一截尼龙线，缠绕在铁皇冠叶片和蕨根之间的根茎部位，将根茎放入沉木的方便位置（沉木上总会有一处铁皇冠看似自然坐落之处），然后轻轻将尼龙线在沉木上系好。小心不要把尼龙线扯太紧，以免切入或穿通根茎。剪掉线头，整株水草已经可以放入水族箱内了。

铁皇冠要在暗光中生长，太强的光照会使叶片上生出先是亮色后转为棕色的斑块儿

上图：黑木蕨是一种生长缓慢的蕨类，大而墨绿的叶片长于茎上，经常先固定在沉木之上再行出售，要将其置于水流区域。

水榕属的叶片厚而坚实，能在大型凶猛或食草鱼类的侵扰下生存

一旦铁皇冠在水族箱中扎根，细根须会蔓生并紧固于沉木之上。要经历数月，整个铁皇冠植株才能根基稳固。

上图：水榕属水草可以栽种在岩石或者沉木之上，但根茎必须置于底砂之上的开阔水域，否则会死亡。

水族箱中的塑料水草利用

在水族箱中，你可以选择多种多样的高仿真塑料水草，它们不一定为人人所喜爱，但的确很有用途，尤其在你的爱鱼喜欢不停地刨弄啃啮水草根系的情况下。塑料水草易于插放，只需把它们根部的托盘插入砾石中固定到位即可。你还可以把塑料水草分拆开并重新组合安装来令其长短发生变化。塑料水草最大的优点在于，如果它们被藻类覆满，你可以径直把它们拿出水族箱并刷洗干净。另外，塑料水草的材质是惰性材料，不会像真正水草一样从水族箱里消除硝酸盐，因此你需要特别关注定期换水和过滤系统能效的问题。塑料水草与一些真水草结合使用或许为最佳选择。

仿真水盾草

有着优雅的细叶，但不好保持清洁

仿真水兰

带状叶片与其他水草对比鲜明

仿真铜钱状珍珠菜

叶片宽阔，很好地掩饰了管道和加热器

下图：为了让仿真水草成簇，选择两三株类型一致但高度不同的材料。这很容易做到，只需分离茎秆，将枝茎组合重新添加或去除，直到组合成理想长度的枝茎。

上图：塑料水草容易在水族箱中安放，只需握住根部并将其在底砂中扎稳，让根部隐没于底砂之中。

只需将枝茎组合插接在一起就可以灵活改变茎秆的长度

仿真伊乐藻属水草
用不同长度的枝茎组合构造水族箱中的丛生水草

右图：在砾石底部装上透明底槽，可以防止仿真水草漂浮。你可以在往水族箱注水之前就将透明底槽安装到位。

饵料和投喂

　　鱼儿也需要食物来生存,在自然界,鱼儿可以沿着水流来回寻觅它们喜欢的丰富食物,而在封闭的水族箱环境中,它们只能仰赖你的恩赐,因为唯一的食物来源是饵料的投放。永远要考虑鱼儿的天然食谱,给它们提供等同的商业食品。人们研发出种类数量繁多的饵料来满足形形色色鱼类的需求,一排排琳琅满目的袋装或瓶装饵料令人困惑,该选哪一种类,我们最好先依次研究一下每一种类型的饵料。

药片状饵料

药片状饵料与薄片饵料很相似,但不是同一类型。药片状饵料有些会黏附在水族箱边缘,对中部水域活动的鱼儿最为理想,而沉入水底的药片状饵料则惠及底部水域栖息的鱼儿

饵料的储存

　　一旦容器启封后,干饵料会损失养分,所以适宜少量购买,够30~45d 的食量即可,开口较大的容器要储存在冰箱里。

冻干饵料

出售的冻干饵料一般为小立方体块状,本图为水丝蚓制成的冻干饵料

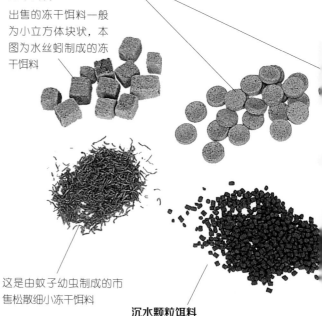

这是由蚊子幼虫制成的市售松散细小冻干饵料

上图: 为了避免污染水质,只供给鱼儿在10~15min能消耗完的薄片饵料食量。

沉水颗粒饵料

这种饵料适合底部水域栖息的鲶鱼类

右图：鱼唇的形状、大小和位置能很好表明一种鱼类如何进食和能享用多大的饵料。

左图：当药片状饵料溶解时，会粘在玻璃上而吸引来自水族箱各处的鱼儿。

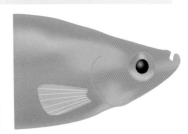

较长的下颚表明鱼儿靠从底部接近饵料而进食。

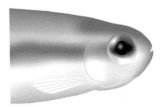

无颌鱼唇是中部水域鱼类的典型特征，可使它们正面接触饵料。

柱形漂浮饵料
这种饵料适合投喂体型较大的鲃鱼类

干饵料
出售的干饵料类型多样，可为大多数鱼类提供主食。投喂时要惜量，若未被鱼儿吞噬掉，会很快污染水族箱。薄片饵料为干饵料的最常见类型，被生产研来满足食草类和食肉类鱼儿的需求，还能使鱼儿体色更为艳丽。

长上颚鱼唇见于从上部接近饵料的鱼类，它们栖息在底部水域。

饵料和投喂

一天投喂一次饵料为好。一条保持饥饿感（但不要太饿着）的鱼儿才是健康的鱼儿。对冻干饵料而言，只能投放鱼儿在10~15min能吃完的食量。草食鱼类的投喂原则有所不同，你可在水族箱中将绿色食物保留至下次投喂时刻，但投放新鲜食物前要将旧食捞除干净。开始的投喂量要小，比如一小块薄片饵料，或一两粒药片状饵料，或是单片莴苣叶子，必要时增加或减少食量。

投喂的时间要视你养的鱼儿种类而定。一些鱼类喜欢黎明和黄昏时间出来觅食，另一些则在昼间吃食儿。好在鱼儿们在封闭的水族箱环境中生活时乐于改变觅食习性，一嗅探到食物气味就会即刻游来享用。要确定所有的鱼儿都能吃到食物。

鱼儿会大大受益于食谱的多元化。你可以把干饵料当作基础食物，每周再投放一两次冻干或鲜活饵料，它们有助于保持鱼儿身体的光泽，让幼鱼成长为健康的成鱼。

莴苣叶

把莴苣叶植入底砂中让鱼儿来觅食，若菜叶浮在水中，鱼儿往往会无视它

左图：把手指间的冻豌豆挤压出豆籽来喂鱼，扔掉会卡住鱼儿食道的豆皮。

下图：有多种绿色食品可以投喂食草鱼类，得到定期投喂的鱼儿就会放过你栽种的水族箱水草。未被吃掉的绿色食物要及时清理掉。你可以将甘蓝和香芹在冰箱中放上一夜使它们柔嫩，鱼儿会更爱吃的。

冻豌豆

除了只吃草食的鱼类，很多其他鱼类都喜欢吃冻豌豆

西葫芦和土豆

把西葫芦和土豆片煮至半熟，表皮软而不分离，再进行投喂。当然，这些食物也可以直接让鱼儿生食

右图：常吃干饵料的鱼儿愿意偶尔换换口味，它们很喜欢像红蚯蚓一类的活食儿犒赏。

水蚤　　红蚯蚓　　鳃足虫

上图：水生活饵料包括蚊子的蛹和孑孓、水蚤和红蚯蚓。你可以在无鱼的池塘中捞获它们。最好避免让鱼儿吃栖居在污泥中的活水丝蚓，但冻干水丝蚓是安全的饵料。

新鲜冷冻的辐照食品

这种冷冻食品用铝箔托盘分装出售，抠出一块儿投入水族箱，它会迅速解冻

一块冷冻的红蚯蚓饵料解冻后，能为大型或产卵的鱼类提供一顿"多肉"的美食

假日里的投喂

如果你计划外出 1~2 周，可以将薄片状和冻干饵料按照每天的投喂量分装在铝箔包装中，将其交给一位朋友，请他帮助你喂鱼。你也可以花钱购买一个自动投喂器，这是一种定时控制的储存薄片状或小颗粒状饵料的容器，你可以设定程序让它每天投喂 1~2 次饵料。图中所示的电池动力投喂器很容易设定程序，一到预先设定的时间，饵料储藏盒会转动并投放饵料到水族箱中，你还可以调整蓝色旋钮来控制投喂量。

鱼类繁殖

尽管一开始你并无意繁殖喂养的鱼种,但还是很可能在条件适宜的情况下,鱼儿居然生产了,你该怎么来应对呢?

你喂养的热带鱼可以分为两大类:卵胎生鱼和卵生鱼。在你的群养水族箱中最可能出现的第一批幼鱼多为卵胎生鱼后代。

卵胎生鱼

如其名字一样,卵胎生鱼繁衍出完全成型的幼鱼。幼鱼个头已有相当尺寸,一窝幼鱼的数量也是有限的。卵胎生幼鱼在水族箱中比起它产在外部环境的鱼卵孵化出的鱼苗的生存概率要高得多,但有一些也会不幸被其他鱼类吞食。卵胎生幼鱼能啃啮薄片饵料的边缘,也会啄食水草上生长的藻类。为了帮助它们觅食,你可以把一些薄片饵料粉碎,或者添喂一种专为卵胎生鱼生产的液态悬浮饵料。

你还需要考虑到这些多出的个体,不管现在多幼小,将来都会长大而占据更大体积,从而超出水族箱容量和生命维持系统(过滤系统)的承受能力。简而言之,你需要再添置一只水族箱了。一只规格为45cm×25cm×25cm的水族箱可以用作育幼箱,如果一时还不到启用的时候,你可以把它当作理想的紧急状况备用箱。用常规方法构建好育幼箱,用老水族箱里的水部分注入育幼箱,再添加少量新鲜水(像平常换水一样,将老水族箱重新注满)。用这样的方式,你可以在育幼箱中将老水族箱里的陈水和新水结合,然后就能安全地用网将幼鱼转移入育幼箱,而无须等待水质成熟,实际上也给两只水族箱都换了水。育幼箱中的投喂要谨慎保持低量,直到过滤系统有机会积聚足够量的有益菌来清洁水质。幼鱼在育幼箱中停留的时间取决于它们的生长速度,在个头足够大而不会被吃掉的时候,再将它们与其他鱼混合在一起。如果你的鱼苗数量过多,送一些给朋友、当地水族俱乐部或商店。

上图:雌性月光鱼常在水族箱中生产。它们经常寻找一个僻静之处,多为水草掩盖下的水表,以给幼鱼逃避被掠食的机会。

育幼箱构造

pH 值为 7.0 或更高的水质略硬的水

水盾草

爪哇莫丝

规格为 60cm×30cm×30cm 的水族箱

过滤系统要安静轻柔

温度设定在 23~26℃

雌鱼

雄鱼

上图：月光鱼（剑尾鱼属）的性别很容易从臀鳍鉴别。雄鱼的臀鳍已经演化成为内部授精器官，称为交尾器。

像槐叶萍一类的浮游水草为水表产卵的鱼类提供了庇护地和产卵处。

左图：投喂卵胎生鱼和卵生鱼的液态幼苗饵料的悬浮颗粒中含有饵料。

鱼类繁殖

卵生鱼的繁殖有些难以应对。尽管一部分鱼类会在群养水族箱中产卵，但只有积极保护卵和幼苗的鱼种，比如慈鲷科鱼，才能成功养育卵和幼鱼。不管鱼儿有什么需求（细叶水草、集卵拖布、洞穴和水槽等），最好能构建一个孵化箱，视鱼种不同，找出你想要其产卵的鱼儿，让它（们）在此产卵。产完卵后，将其中一条或两条亲鱼转移回老水族箱，或者干脆让它们留在孵化箱看护鱼卵和之后孵出的鱼苗。

调理亲鱼非常重要。仔细观察你喂养的品种，在繁育之前，投喂合理的饵料来促成排卵条件。

饲喂卵生幼鱼可谓难题多多。因为鱼苗太微小，只能吃下纤毛虫，你需要培养这种微生物。其他略大点的卵生幼鱼要吃新孵化出的鳃足虫，你得买来鳃足虫卵并放在生理盐水中孵化。幸运的是，一些卵生鱼苗（绝非全部）会吃商家出售的液态或粉状卵胎生幼鱼饵料。还有些卵生鱼苗吃藻类绿色食品、冻豌豆和莴苣叶子。

制作集卵拖布

1. 将尼龙线缠在一块板子或者本册书的竖侧面，大约缠够 30 圈，剪去多余部分，最好选择外观自然的绿线。

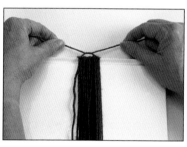

2. 再剪一根约 20cm 长的尼龙线，穿过缠好的线束，打死结固定好线束。

3. 把板子或书翻到另一侧，在刚才打结处对面剪开线束，一个集卵用拖布就做好了，使用前在水龙头下用温水（不要用沸水）洗干净。

4. 固定拖布线束的长线头可用来将拖布系在软木上，使拖布悬浮到孵化箱水表面。

右图： 先将拖布系在软木上，然后沿水表面间隔悬浮集卵拖布。

成功养育鱼苗

　　无论你繁殖哪种鱼类，水质清洁至关重要。如果孵化箱中条件不利或卵未受精，鱼卵会很快感染真菌，幼小的鱼苗在肮脏的环境中会感染细菌。

　　另一种鱼苗损失原因是饥饿，要么因为鱼苗需求时你未备好饵料，要么是喂的饵料太大，鱼苗吃不进嘴。鱼苗挨饿的情况与你定时投入孵化箱的饵料数量无关，如果在错误时间投放了错误规格的饵料，鱼苗就会挨饿，这是造成鱼苗损失的主要原因。

上图： 可以看到鱼卵在一条阴阳燕子鱼腹中生成，这条浮游的鱼儿在水表面映出倒影。

左图： 为了保证纤毛虫饵料的稳定供给，可将一块儿稍加蒸煮的土豆放入一罐水族箱陈水中，在空气中敞开罐口。

右图： 在光照充足的温暖地方放置一周后，罐中的水便因布满纤毛虫而混浊，将其中一部分倒入孵化箱。

疾病防治

很难相信，水族箱中发生的大多数疾病问题要归咎于我们自己。出错的主因是水质太差，因为我们总是忘记或拖延换水。这也是你意识到记录水族箱日志重要性的时刻。找个笔记本，每次维护水族箱时，记下日期和行为内容，否则太容易忘记。你上礼拜或上上礼拜换水了吗？还要记录下鱼儿活动行为的观察情况，因为任何变化都会使你警惕重要事件或潜在问题。水族箱日志有助于你养成观察并采取措施的好习惯。

保持水质的良好是养鱼成功的要诀，这意味着你必须定期换水并保证过滤系统运转正常。你的鱼儿会提醒你要出问题了：如果它们一直浮游在水面，很可能水中氧含量太低，你需要检查水温和过滤器出水，必要时进行调整。记住在炎热的夏季，即使恒温装置发挥作用而关闭了加热器，水温也会上升到正常值之上。此时换水，增强过滤器出水量，或者添加气泡石来搅动表层水流动都会有所帮助。

另一个常见问题是水族箱中鱼儿之间的冲突或较差的生存条件而产生的压力，会使鱼儿体质变差，容易受

右图：鲶鱼类凭借它们敏感的触须来定位和品鉴底砂里的食物，要为它们提供光滑的底砂和良好水质来避免损伤触须。

疾病侵袭，所以要谨慎挑选水族箱中的鱼种。

购买健康鱼类

鱼儿们经过长途跋涉才来到我们的水族箱中。它们可能被喂养在远东地区的渔场，被捕捞上来并运到配送站，又在那里重新包装并空运至我们的地区。一到达目的地，鱼儿被送往批发商的仓储地。批发商打开包装，暂时蓄养鱼儿一段时间，

左图：一定要购买健康鱼种，比如以图中健康的虎皮鱼来作为水族箱养殖开端。一旦零售商将你选中的鱼儿网入塑料袋中，应举起鱼儿并仔细观察，应当无烂鳍、畸形或溃疡迹象。

然后再批发给零售商。零售商再次将鱼儿打包并运到他们的商店，在那里鱼儿们被最终解包取出、蓄养和出售给顾客。作为顾客的我们购买鱼儿时，它们又会遭遇什么状况呢？它们被再次包装并随我们到家。所有这一切历程都会让鱼儿承受压力和惊扰，虽然在每一阶段人们都尽心尽力保护它们，但仍有一部分会生病和死亡。

如果在你附近的水族店里看到水族箱被实行隔离，或看到这样的告示"新品刚至，暂不能售出"，

千万不要惊奇，这是零售商在休整呵护新到的鱼品，也是这家商店业界良心的表现。

当你购买鱼儿时，仔细查看它们是否表现正常并活跃。比如，浅水鱼类在巡游时应当鱼鳍张开，而在水底栖息的鱼类会在底砂上刨弄觅食。要避免购买烂鳍和触须损伤严重的鱼儿，这两处都是潜在的继发真菌感染或细菌感染的发生地。还要避免购买腹部收缩或眼睛深陷的鱼儿，它们体内可能有寄生虫。

隔离策略

暂时将新购得的鱼儿置身隔离箱

在隔离期结束后，你可以把新鱼投放到现有的鱼群中了

一只展示用途的水族箱中容纳有假山、砾石、水草和你最珍爱的鱼儿

这只隔离箱设施简单，易于清理和拆装

将病鱼转移到独立的治疗箱进行医治

每只水族箱都应有专用的网具以防止交叉感染

治疗箱是一个医疗用途构造，专门设计得易于进行鱼类治疗和清理

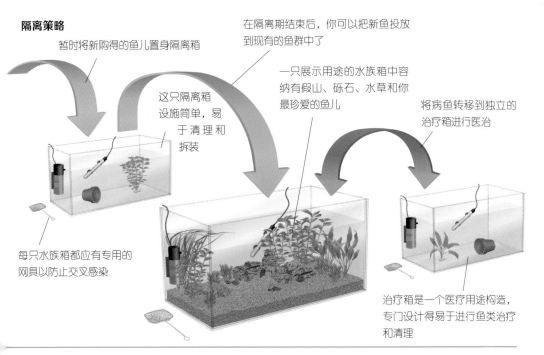

疾病防治

本书这几页当中讲述的鱼类疾病并非水族箱中发生的病患全部，但却是你最可能遇到的主要类型。若发现得早，这些鱼病都很容易治愈，所以早期确诊是保证水族箱中鱼儿健康的关键因素。有些鱼病只需换水，另一些则需要药物治疗。购买治疗药物之前要确认你对鱼病的诊断正确，不要妄猜；投放错误的药物无济于事。药物不会即刻生效，有些甚至要数天才能显现效果。某些药物可能对有些鱼种不适用，所以购买之前一定要仔细阅读说明书，若有疑问就虚心请教。药物的效力会随保存时间而减弱，故而需要时再行购买。一定要按照说明使用，千万不可过量投放，否则会带来致命的结果。最重要的是不能混用药物，不然也可能致鱼儿死亡。

白点病

这种鱼病由一种叫作小瓜虫的寄生虫引起，这种生物在可见阶段显现为宿主身体和鳍上的小白点。小瓜虫潜伏生长在宿主表皮之下直到成熟，离开宿主后游动落入水族箱的底部并形成胞囊。每个胞囊内的虫体细胞可以分裂繁殖出 1000 多个新寄生虫，当胞囊成熟分裂时，其中的寄生虫又游出去寻找

并感染新的宿主。正是在这个小瓜虫虫体自由游动的阶段，白点病可以得到有效治疗。可以使用专用白点病治疗剂处置整个水族箱，一定要按照说明小心使用。

真菌感染

真菌感染是体表被破坏时伺机进入伤口的继发性感染，多由外伤、环境因素或寄生虫造成（鱼儿之间啃啮鱼鳍造成的损伤是真菌感染的主因）。真菌感染表现为鱼的身体或鳍上生长的棉絮毛状菌丝。在感染初期不严重的时候，用水族专用真菌制剂对准感染部位的白点施治即可，感染严重时要对整个水族箱进行治疗处理，最根本的是消灭感染源头。

左图：图中这条蓝三角小丑鱼身上呈现典型的白点病暴发，可以使用水族专用真菌制剂对整个水族箱进行及时治疗处理，效果会很好。

烂鳍

这是典型的水族箱维护不当引发的病患，表现为鳍膜病变，鳍条暴露，整个鱼鳍红肿溃烂。如果发现及时，换水和检修恢复过滤系统功能就可以解决问题。如果情况更为严重，根据感染的鱼群数量，使用水族专用杀菌剂针对局部或对整个水族箱进行治疗处理。

及时发现烂鳍

尽管有些天生具有圆齿，但一条鱼的健康鱼鳍通常边缘光滑。

病变鱼鳍的鳍条之间的膜发生变质溃烂，鳍条凌乱突出。

触须病变和磨蚀

两种情况会造成此类疾病：水质条件差和底砂过于尖锐。如果你的鱼儿有触须而且暴发烂鳍病，很可能触须在分叉处也会病变糜烂，可以采用上面讲述的烂鳍病治疗方案。如果触须问题的原因是磨蚀，更换底砂是唯一的方法。鲶科和鳅科鱼类的娇嫩触须会被尖锐的砾石和沙子磨破，继发性真菌和细菌感染就会趁虚而入。

鱼鳍开叉

如果水族箱里的鱼儿之间争斗不休，很可能造成鱼鳍破损或完全开叉。注意观察哪条鱼是罪魁祸首，将其移出。若受害鱼儿仍然健康，受损鱼鳍通常会自然痊愈，但要寻找是否有继发性真菌和细菌感染，必要时进行治疗。

善待病鱼

在一只碗里注入1L水族箱中的水，最少混入10滴丁香油，再将病鱼放入。

往水族箱中加药

左图：计算好正确用药量，严格遵循用药指导，在一个容器内注入来自水族箱中的水并加入药物。

左图：将药物在水中充分混合，然后倒入水族箱中，搅拌稀释以避免局部浓度过高带来的风险。

日常维修保养

为了使在封闭的水族箱系统中的鱼儿和水草健康成长，你需要进行定期维修和保养水族箱——一周一次，每次 1h 左右就足够了。而不定期保养任务有些需每天进行，另一些每两周一次、每月一次或更长时间不等。这种时间安排只是一个大致的指导意见，因为每只水族箱的保养时间会因规格、过滤方式和鱼群数量不同而异。

通过观察在水族箱活动日志上记录的情况，你会很快找到一种适合你的水族箱的保养模式。若发生异常情况，你可以追溯查看到底发生了什么变化，或许就能找出问题所在了。

平日经过水族箱时就要养成主动检查水温和鱼儿健康状况的习惯。把手掌抵住玻璃抚摸来习惯温度正常时水族箱的手感。多观察鱼儿的行为，有时候你就会注意到有轻微变化，这可能是要出现问题的征兆。

换水

保养水族箱的第一个主要任务就是换水，其目的是减少水中积累的硝酸盐含量（见26页）。你需要

一只水桶（最好有一只供水族箱专用），一截透明塑料虹吸管和虹吸启动器，这样你就不会在用嘴吸虹吸管导水时搞得一嘴鱼水。把水桶放在地板上，把吸管一头放入水族箱并开启虹吸管启动器。注意观察，不要吸走任何一条鱼儿，也避免

水泵头与大多数接头配套，既可以制造虹吸来清洁水族箱，也能将水通过管道注入水族箱

将水管插入砾石，尘土和砾石在管道中漩涡运动，重量较轻的碎屑被虹吸抽走

流量调节阀可以控制注水或虹吸清理的流速，要避免它积聚碎屑

软质水管（此处是截短状态）方便将水注入或抽离水族箱

安全第一

　　在开始任何常规水族箱保养工作之前，一定记住拔掉所有电气设备（如过滤器和加热器）等的电源插头。

水溅到脚上。当你操作老练以后，就能在换水时将底砂上的所有污物（有机碎屑）吸走，可谓一举两得。换水时抽掉总水量的 10%~20%，将其倒掉之前务必确认水中没有鱼儿——不少人都有误将鱼儿随水扔弃的经历。

在水族箱中的水平面下降之时，对水中的水草进行清理，去除死亡或严重受损叶片。你还可以用除藻磁铁刷或刮板来清除藻类。

用经过处理并温度合适的水来重新注满水族箱，可以用虹吸方式或用水管轻轻注入。在更换冷凝盘和水族箱玻璃箱盖时，要保证其干净透亮，这样就不会减少箱中水草的光照量。

上图：水顺着洗砂器的宽管被虹吸上来并快速清除掉碎屑。

上图：修剪掉蓬乱的水草枝茎，令其外形整齐并促生健康茁壮的新枝。

测试亚硝酸盐值

保持对亚硝酸盐值的检测很有必要，试剂盒的利用也很方便。一定要使用干净且干燥的玻璃瓶取样，以免水样受到污染。亚硝酸盐值会有轻微波动，尤其在换水前后。在水族箱磨合期间亚硝酸盐达到初期峰值，这之后其数值几乎可以忽略不计，但在清洗过滤器时会有所上升，因为一些分解亚硝酸盐的有益菌会被冲洗掉，需要一段时间来重新繁衍积聚，此时可以减少投喂量来减轻过滤器负荷，这样有助于抑制硝酸盐浓度。

内置式过滤器的清洗

清洗过滤器是从事养鱼活动中不被喜欢但又必须要做的事情。如果过滤器发出令人厌恶的腐臭气味儿，说明它已经不能正常工作了。所幸这种情况只会在供气或水的循环流动中断数小时，氧气无法抵达过滤媒质的时候才会发生，此时好氧菌开始死亡而厌氧菌大量繁殖占据过滤媒质。出于这种原因，一定不要使关闭过滤系统的时间长于对其保养所需时间。在冲洗过滤器时一定要使用换水时抽掉的水，否则你会杀死过滤媒质中的有益菌。同时要记住，一定不要使用洗涤剂。

1. 小心将内置式过滤器从支撑槽中取下，拿出水时勿将任何碎屑掉入水族箱内。可以把过滤器放入盘中或桶里，以免在去洗涤槽的一路上留下水渍。

2. 在盘或桶上小心将过滤泵和过滤罐分离，在处理过滤泵时，把过滤罐放在盘中。

3. 清洗堵塞有污尘的过滤垫和泵轮，擦洗掉附着在塑料材质上的黏液，检查轴承，必要时更换。

4. 从过滤罐中取出海绵，用水族箱里的水冲洗掉所有细小的碎屑。取出其他部件，如滤网和分隔板，将它们擦洗干净。

有用的备件

　　要保证你时刻拥有下列备件，记住必要时更换旧件。

恒温加热器
吸盘
空气泵所用的膜片和过滤垫
过滤器用轴承、泵轮和密封胶圈
过滤棉或海绵

其他用材
活性炭
温度计
捞网
保险丝
电池气泵和电池（电池先不要装进气泵，但要放置在一起）
空气输送管
气泡石
启辉器

5. 一旦完成所有部件的清洗，重新组装好过滤器并放回水族箱，开启电源查看过滤器是否工作如常。

让您的水族箱顺利运转

有些常规维护保养工作一年只需进行一两次即可，其中之一是灯箱中日光灯管的更换。即使灯管看似工作正常，其有效光照输出也会逐渐减弱而影响到水草的生长。要保持灯管、辐射面和玻璃箱盖光洁无尘；查看启动装置盖板，防止丢失或脆裂；检查导线是否被水族箱盖磨损，看塑料固定卡是否仍能牢稳固定灯管。

清洁水族箱玻璃的三种方式：

1. 一团过滤绒能够从水族箱内部玻璃表面清除藻类和碎屑。

2. 带把手的刮板的粗糙表面可以清理顽渍。

3. 使用除藻磁力双面刷，将其中一块磁铁贴住水族箱内部的污物，在外部用另一块磁铁引导擦拭。

每 6~12 个月更换一次照明灯管

每天检查设备，如过滤器、气泵、加热器和照明设备，确认它们运转正常

每 7~14d 清洁一次水族箱前玻璃，以清除藻类

定期修剪簇生水草，然后重新植入水族箱，每 7~14d 清除已死亡的水草

每天查看鱼儿

每 7~14d 清除一次底砂中的碎屑

每 7~14d 清洁一次冷凝盘和水族箱玻璃箱盖

每 7~14d 进行一次部分换水

每个月清洁一次过滤器

每 6~12 个月维修保养一次过滤泵

每天检查水温

每天清除未被鱼儿吃掉的饵料

每个月清洗一次砾石

保养时间安排表

每天

清除未被鱼儿吃掉的饵料

检查水温

检查设备（过滤器、气泵和照明设备），确认它们运转正常

查看鱼儿

每 7~14d

部分换水

清除已死亡的水草

清除底砂中的碎屑

清洁冷凝盘和水族箱玻璃箱盖

清洁水族箱前玻璃以清除藻类

每个月

清洁过滤器

清洗砾石

每 6~12 个月

维修气泵

维修过滤泵

更换照明灯管以维护水草生长

第三部分

鱼类简介

构建你的水族箱的最终目的就是要喂养鱼类，这里选择的是热带观赏鱼。你可能已经在当地水族商店里驻足观看过水族箱，而且已经决定了要喂养哪些品种的鱼儿。本书的这一部分会介绍热带观赏鱼的品种选择，并对它们在水族箱中健康生长所需条件给予指导建议。

尽管这里描述的都是热带鱼品种，但并不意味着它们都要求相同的水温，热带鱼因热带地区海拔和栖息地类型不同而变异品种很多。比如水流湍急的山间溪流水温低且富含氧气，而海拔较低的河流水流舒缓且含氧量低。湖泊有着不同的水温区域，而静止的池塘会水温很高，含氧量极低，甚至水分被蒸发。在喂养热带鱼时要考虑所有这些因素，保证你能在其最喜爱的条件范围内喂养它们。

构建一个和谐平衡的混养水族箱意味着不仅要考虑特定品种的需求，还要考虑不同品种之间的相容性。了解多大规格的水族箱能适宜每一条鱼儿，鱼儿们都在水族箱的什么水域栖息，这些也很重要。仔细阅读每个鱼种的重点介绍，你就会获得相关信息。

这里讲解的鱼类按品种分组，但要记住一些分组会有若干变体。鲤科、脂鲤科、胎鳉科和攀鲈科的大部分品种属于中部水域鱼类，应当两条、三条或群养。鲶科和鳅科鱼类主要在底部水域生活。另外四组鱼类——鳉科、彩虹科、虾虎鱼科和慈鲷科有着更精细的要求，所以推荐具有6~12个月养鱼经验的爱好者选养。

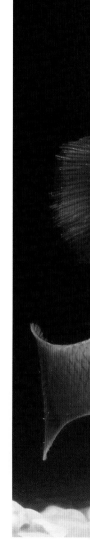

了解你的鱼儿

贯穿本书的这一部分，我们会经常提及鱼儿身上各种鳍和其他部位的名称。这里的示意图帮助你明白我们讨论的内容，如果经常对照阅读，它们很快就会被你牢记。

典型鲤科（鲃鱼、斑马鱼和波鱼等）身体结构图

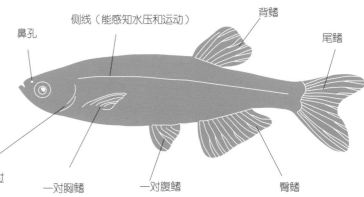

侧线（能感知水压和运动）

鼻孔

背鳍

尾鳍

鱼鳃，位于鳃盖之下，使鱼儿通过摄取水中溶解的氧气来呼吸

一对胸鳍

一对腹鳍

臀鳍

典型甲鲶鱼身体结构图

脂鳍

鳍脊，光滑或呈锯齿状边缘

沿侧腹的骨板可以保护身体，但使得鱼儿不够灵活，游弋性能不佳

触须是娇嫩的感官，很容易受损伤

典型雄性胎鳉鱼身体结构图

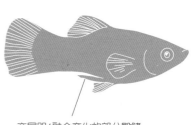

交尾器(融合变化的部分臀鳍，用于体内授精）

鱼身尺寸测量

贯穿本书的鱼类身体尺寸测量指的是排除尾鳍外的鱼身长度。

水族箱水域示意图

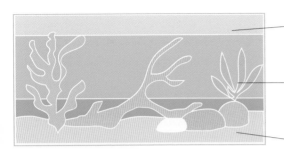

表层约 5cm 深的水层是在上部水域活动觅食的鱼类的家园，比如阴阳燕子

中部水体是水族箱中的最大区域，常见的有霓虹脂鲤和其他中水区域活动的群集鱼类

鲶科和鳅科鱼类在水族箱底部区域的家园

一只水族箱能容纳的热带鱼数量

表面积是决定你能在水族箱中保有的鱼儿数量的主宰因素。对热带观赏鱼而言，你需要为每2.5cm的鱼身长度（不包括鱼尾）提供75cm^{2}的表面积。一只60cm×30cm的水族箱的表面积为1 800cm^2，可以蓄养若干尾身长总计约60cm的热带观赏鱼，因此选择鱼类时要考虑到它日后的生长长度。

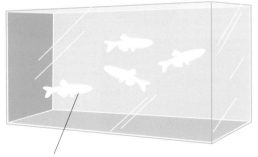

这只 60cm×30cm 的水族箱里养了 4 尾鱼，每尾身长 15cm，加起来达到 60cm 鱼身长度的最大水族箱蓄养容量

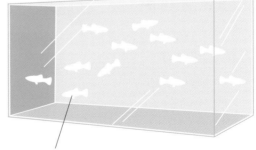

这只 60cm×30cm 的水族箱里养了 12 尾鱼，每尾身长 5cm，加起来达到 60cm 鱼身长度的最大水族箱蓄养容量

玫瑰鲃

　　这种生存力较强的小鱼儿最适合初学养鱼者喂养。只要水温不是太高，其对水质条件一点也不挑剔；食性很杂，藻类、水草、薄片状和药片状饵料以及活饵料都能吃得欢实。玫瑰鲃性情温和，能容忍其他鱼类，与其他体型大小相似的鲃鱼相处融洽。玫瑰鲃活泼好动，所以栽种水草时要考虑给它足够的活动空间。

　　玫瑰鲃幼鱼没有呈现成鱼的美丽色彩，而是一种银金色；直到成熟期，雄鱼才会显现鲜红色调，而雌鱼为深金色。为了保证同时买到雌、雄种鱼，你可以买下五六尾幼鱼，也可以直接购买成鱼。如果你想看到它们最美丽的状态，一定要雌、雄种鱼都具备，这样雄鱼会向雌鱼极力展示炫耀而出彩。

　　体长：雄鱼和雌鱼均为15cm 左右。

▶ 理想生存条件

　　水质：弱酸性，略软质。

　　水温：18~23℃。

　　饵料：小而鲜活或冷冻的水生无脊椎生物，如水蚤、孑孓和红蚯蚓，以及薄片饵料和绿色食物。

　　水族箱最小蓄养数量：2 尾。

　　最小水族箱规格：60cm。

　　活动水域：底部、中部和上部。

其他变种

　　玫瑰鲃有长鳍变种，对生存条件要求较高。水温要保持在范围上限并保证水质，不要忽略定期换水工作。

左图：一对玫瑰鲃从群体中脱离并在混养水族箱中产卵，其他同伴会将它们的鱼卵视为免费美味。

玫瑰鲃得名于在生长成熟时呈现的鲜红色彩

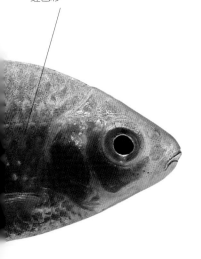

原产地

在印度北部阿萨姆邦和孟加拉的小溪、河流和池塘中

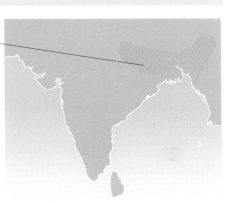

铜色玫瑰鲃

　　这是人工养殖的玫瑰鲃变种，体长可达 15cm，长有细长的鱼鳍，在有些群体中会因鱼鳍从潜在的惹事者变为受害者。你可以注意到铜色玫瑰鲃在尾鳍前部的金边黑斑。

雌性铜色玫瑰鲃

雄性铜色玫瑰鲃

繁殖方式

玫瑰鲃通过在细叶水草上产卵繁殖，一次可产数百个卵，但亲鱼会吞食鱼卵，所以产卵后要将亲鱼移走。玫瑰鲃鱼卵孵化约需要 30h，鱼苗会贪婪享用精细饵料。

红宝石魮

红宝石魮的名字很有误导性，因为只有雄鱼才展示出深红色彩。红宝石魮也称为黑带红宝石魮和紫头魮，可见这种鱼的色彩多变！雌、雄红宝石魮的体彩在雄鱼发情时会达到最佳状态，所以要两种性别的鱼儿一起喂养。

红宝石魮性情活跃，喜欢聚群，可以与其他长着垂直条纹的小型魮鱼混合在一起喂养。红宝石魮除了偶尔啃啮水草，没有其他坏毛病，不会骚扰其他鱼类。你可以为它们提供充分的开阔水域来游弋，用一些阔叶水草来制造光线较为暗淡的庇护让它们隐身其中。

体长：雄鱼和雌鱼均为6cm 左右。

▶ 繁殖方式

红宝石魮是产散布卵的鱼类，亲鱼会吞食鱼卵，所以产卵后要将亲鱼移走。鱼卵孵化约需要24h，鱼苗觅食小的活饵料。

温度调节

红宝石魮得益于冬季里的凉爽时段，此时水族箱温度可低至 20~22℃，可使鱼儿保持健康，尤其适合繁殖。在夏季将温度调回到温度范围的上限，一定要查看水族箱中的其他鱼类能否适应，再做调整。红宝石魮生活在恒定温度中也无大恙，但可能会导致不育。

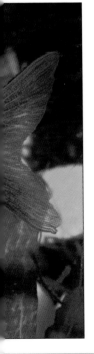

原产地

在斯里兰卡流动舒缓的山间溪流中

丝鳍鲃

丝鳍鲃是一种美丽的鲃鱼，体长15cm左右，在水族箱中非常活跃，如果你担心虎皮鱼的潜在破坏行为，值得考虑用丝鳍鲃取代它。青幼期的丝鳍鲃长有金色背景色的独特双条纹斑纹，在背鳍和尾叶上有鲜亮的红焰，在成熟后褪去身体中部的黑条纹，但保留了靠近尾部的黑斑点。购买丝鳍鲃时一定要寻找双黑条纹的个体，这样就可以欣赏到幼鱼至成鱼期间颜色的奇妙变化。这些性情温和的丝鳍鲃源自斯里兰卡，喜欢弱酸性水质，但水族商店应该有适应了本地水质的品种。丝鳍鲃在6尾或更多组成一组时形成最佳景观。要记住给它们投喂漂浮饵料。

理想生存条件

水质：弱酸性到中性水，软到略硬水质。

水温：20~26℃。

饵料：小而鲜活或冷冻的水生无脊椎生物，如水蚤、孑孓和红蚯蚓，以及薄片饵料，绿色食物如豌豆和莴苣的供应可以防止该种鱼类啃啮水草。

水族箱最小蓄养数量：4尾。

最小水族箱规格：60cm。

活动水域：底部、中部和上部。

棋盘鲃

　　这种小鲃鱼易于喂养，所以适合养鱼新手。一定要至少购买6尾棋盘鲃，因为这种鱼喜欢被群养，还要记得雌雄搭配。雄鱼之间有时不和睦，但极少伤害对方，它们只是试图在群体中建立自己的领地，同时诱惑愿意与自己交配的雌鱼。雄性棋盘鲃之间的争斗通常不针对水族箱中其他鱼类。棋盘鲃喜欢开阔的活动空间，所以要把水草栽种在水族箱侧面和后部。它们食性很杂，觅食一切能到嘴中的食物，若投喂多元化饵料的话会生长迅速，并在不到6个月的时间里达到性成熟。

　　体长：雄鱼和雌鱼均为9cm左右。

随着成熟期到来，雄性棋盘
鲃鱼鳍会变得更为色彩艳丽，
并生成黑色边缘

着色

　　为了能看到棋盘鲃身体上璀璨的彩虹光泽，你必须为其提供一些绿色食物，如软藻类或者莴苣和豌豆。每周投喂一次鲜活或冷冻饵料也会有益处，尤其在你打算繁殖棋盘鲃的情况下。

雌性棋盘鲃在成熟时
鱼鳍呈现彩虹黄色，
但不产生黑色边缘。

原产地

在印度尼西亚
大部分地区的
溪流和河流中

条纹鲃

体长12cm，雄性条纹鲃体型苗条，
生有深色细条纹；而雌性条纹鲃条纹颜
色较淡，在育卵期体型要比雄鱼圆胖。
条纹鲃在水草丛中产卵，孵化的鱼苗数
以千计。

雌性条纹鲃的条纹
颜色较淡

雄性条纹鲃的条纹
颜色较深

理想生存条件

水质：弱酸性，略软质。

水温：18~23℃。

饵料：小而鲜活或冷冻的水生无脊椎生
物，如水蚤、孑孓和红蚯蚓，以及薄片
饵料和绿色食物。

水族箱最小蓄养数量：6尾。

最小水族箱规格：60cm。

活动水域：底部和中部。

五带魮

　　五带魮一直被认为不太适合初学养鱼者喂养，但现在进口的五带魮经常为箱养产品，已经很好适应了水族箱的生存条件，所以有些经验的养鱼爱好者完全可以将其添加到水族箱中。为了克服它们羞涩的天性，可以把五带魮喂养在水草丰富的水族箱内，如果感到威胁，它们可以寻找水草中的隐蔽处。

　　像大多数魮鱼一样，它们喜欢同类聚群，也可以与其他性情温和的鱼类混养在一起。只要将水族箱的水温范围保持上限并提供多元化的饵料，包括鲜活或冷冻饵料，你就不会在五带魮的养殖上遇到任何难题。野生状态的五带魮以不爱吃薄片饵料而出名，但这种问题在水族箱喂养的同类鱼身上并不明显。五带魮不易繁殖，而且鱼苗很难喂养。

　　体长：雄鱼和雌鱼均为 5cm 左右。

下图：雄性和雌性五带魮外观非常相似，但发育成熟时可以区分开来，雄鱼比雌鱼身体更细长，色彩更鲜艳。

原产地

东南亚的马来半岛，
新加坡和婆罗洲

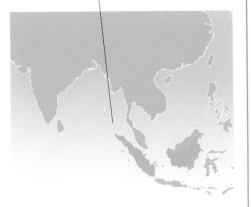

理想生存条件

水质：弱酸性到中性水，软到略硬水质。

水温：22~26℃。

饵料：小而鲜活或冷冻的水生无脊椎
生物，如水蚤、孑孓和红蚯蚓，以及
薄片饵料和绿色食物。

水族箱最小蓄养数量：4尾。

最小水族箱规格：60cm。

活动水域：中部。

三线鲃

　　来自印度的三线鲃爱聚群，喜欢小群体喂养模式。出于此，同时也因为它是较大个头的鲃鱼品种（最大成鱼体长为12cm），最好放养在较大的混养水族箱中。

　　三线鲃性格安静，但也能与其他水族箱中的同伴和睦相处。雄性三线鲃生出细长的背鳍鳍条，展示出不同的纹理。当生长成熟时，三线鲃身体沿背部呈蓝紫色，还带有作为天然伪装色构成部分的黑色条纹。如果在水族箱中生活不开心，三线鲃背部的蓝紫色会变为深灰色。这种健壮粗实的鱼类容易产卵，而且不挑剔食物，甚至会吃下你的嫩叶水草！对活的昆虫饵料，它也总是来者不拒。

这种紫色随鱼儿发育成熟而加深

虎皮鱼

虎皮鱼是出了名的霸王，喜欢啃啮其他鱼儿的鱼鳍，但如果了解清楚它的需求，这种非常吸引人的鱼儿是可以与其他鱼类喂养在一起的，不会在水族箱中造成混乱。你首先要牢记虎皮鱼应当在水族箱中大群体（至少8尾）喂养，它们喜欢在群体中建立主从秩序，除了偶尔脱群的鱼儿，虎皮鱼大多会乐此不疲地维系这种秩序，而不会啃啮和骚扰其他的水族箱同伴。要小心挑选虎皮鱼的水族箱同伴，避免行动迟缓或是生有长后鳍的鱼类，如孔雀鱼、神仙鱼、泰国斗鱼和接吻鱼等。虎皮鱼有数个颜色变异品种：白化色、红色和绿色虎鲃，大多都保留了爱啃啮其他鱼的坏毛病。

体长：雄鱼和雌鱼均为7cm左右。

成熟雄鱼体型更细长，色彩更深

理想生存条件

水质：弱酸性到中性水，软到略硬水质。

水温：20~26℃。

饵料：小而鲜活或冷冻的水生无脊椎生物，如水蚤、孑孓和红蚯蚓，以及薄片饵料和绿色食物。

水族箱最小蓄养数量：8尾。

最小水族箱规格：60cm。

活动水域：中部。

颜色变异品种保留了斑纹，虽然不一定是黑色

黑暗之星

一些水族爱好者痴迷虎皮鱼到为其设立专用水族箱的地步，在铺设深色底砂如黑色砾石的水族箱中，虎皮鱼看上去很惊艳。

白化虎鲃

这种虎皮鱼并不是真得了白化病，而是虎皮鱼的"轻白化"变种，眼睛保持黑色。出于某种原因，这种鱼不像它的天然有色表亲那样攻击性太强。

橘红色侧腹陪衬下的淡色条纹

原产地

印度尼西亚：苏门答腊和婆罗洲

彩斑虎鲃

彩斑虎鲃是水族交易的产物。普通虎皮鱼上部身体的天然淡绿色经过选择性繁育而夸张地延伸至侧腹，但你仍然能够看出它的原始踪迹。彩斑虎鲃可以与普通虎皮鱼和白化虎鲃群居一处，也愿意与它们杂交繁育。

深色躯干与红色腹鳍形成鲜明对比

双点鲃

双点鲃在零售商的水族箱中常被忽视，因为它们直到成熟期才显现出最美丽的色彩，甚至在繁殖季节以外很难区分雌与雄（雌性双点鲃背鳍上通常没有斑点；而成熟雄鱼体型相对细长，背鳍边缘上有黑色斑点，沿身体有红色带）。但喂养双点鲃对你而言绝对值得一试，因为它们或许是适合混养水族箱的最佳小型鲃鱼种类之一。只要提供充足的活动水域，它们会很快与其他小型鱼类融为一体而栖息。

要投喂给双点鲃足量的冷冻饵料，如薄片饵料，红蚯蚓，或者能找到的小型活饵料，多样化的食谱有助于喂养出颜色亮丽的健康鱼儿。

体长：雄鱼和雌鱼均为 7.5cm 左右。

像任何活跃鱼类一样，鲃鱼如果身体钩住水族箱中的尖利物体，则容易拉脱鳞片

▶ 理想生存条件

水质：弱酸性到中性水，软到略硬水质。
水温：18~23℃。
饵料：小而鲜活或冷冻的水生无脊椎生物，如水蚤、孑孓和红蚯蚓，以及薄片饵料和绿色食物。
水族箱最小蓄养数量：4 尾。
最小水族箱规格：60cm。
活动水域：底部、中部和上部。

原产地

喜马拉雅山脉一侧的
印度和斯里兰卡地区
的溪流与河流之中

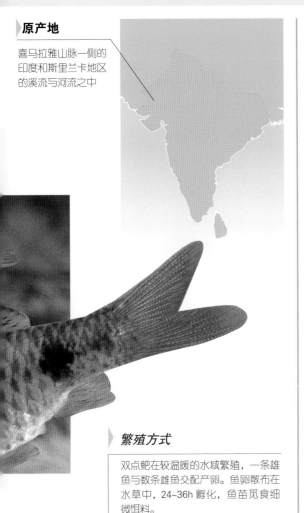

繁殖方式

双点鲃在较温暖的水域繁殖，一条雄
鱼与数条雌鱼交配产卵。鱼卵散布在
水草中，24~36h 孵化，鱼苗觅食细
微饵料。

半纹鲃

　　这种来自中国东南部的彩色鲃呈现橄
榄绿色，最喜欢稠密水草，你可以在水族
箱中栽种几株椒草类水草来满足它的需求。
半纹鲃性情温和，在任何混养水族箱中都可
以 5~6 尾一群的形式喂养。成鱼体长最大为
10cm。

柯明鲃

　　这种活泼而又温和的鱼儿以小群体喂养
为最佳方式，它喜欢充裕的活动空间。柯明
鲃的每个鳞片上都有网格状图案，亮红色的
背鳍和腹鳍，两边侧腹均有一对眼球状斑点，
这都可以用来在斯里兰卡原生栖息地的生存
中威慑掠食者。因为柯明鲃体型相对较小，
能适应任何规格的水族箱来进行展示。成鱼
体长最大为 5cm。

樱桃鲃

　　樱桃鲃是混养水族箱中受人欢迎的群养小型鱼类，因为雄鱼的深红体色而得名，与之形成对比的是雌鱼为淡棕色，而且有一条从吻部贯穿眼睛并沿身体至尾柄部位的深棕色条纹。

　　樱桃鲃性情非常温和，喜欢聚集成群游弋，也会在水草中各自寻找地方安静休息，这是很正常的行为。樱桃鲃幼鱼几乎显现不出成鱼的色彩，给以充足的冷冻和鲜活饵料，并补充为其强化体色的富含螺旋藻的薄片饵料，它们会迅速生长。

　　体长：雄鱼和雌鱼均为 5cm 左右。

樱桃鲃在混养水族箱中能很快安居下来，如果投喂充分，会迅速生长。

原产地

在斯里兰卡低地的背阴溪流和河流中

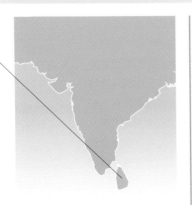

上图: 一条发育成熟的雌性櫻桃鲃正准备在稠密的植被中与颜色亮丽的雄鱼交配产卵。

理想生存条件

水质: 弱酸性到中性水, 软到略硬水质。

水温: 23~26℃。

饵料: 小而鲜活或冷冻的水生无脊椎生物, 如水蚤、孑孓和红蚯蚓, 以及薄片饵料和绿色食物。

水族箱最小蓄养数量: 4尾。

最小水族箱规格: 45cm。

活动水域: 底部、中部和上部。

性别差异

随着发育成熟, 雄鱼通身大部分区域生长出亮丽的猩红色彩。

繁殖方式

在繁殖的时候, 一对亲鱼在细叶水草上反复逡巡, 每次产下 1~3 枚鱼卵, 由一条细丝粘连到水草上。务必牢记亲鱼会吞食自己产下的卵! 鱼卵 24h 后孵化, 鱼苗觅食细微的活饵料。

成簇的细叶水草

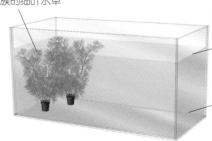

孵化箱构造

将孵化箱放置在能沐浴清晨朝阳的地方

干净而略酸性的水质, 温度为 26~27℃

闪电鱼

　　闪电鱼属于斑马鱼品种，性情活跃，喜欢在长水族箱的轻柔水流中游动，所以要沿水族箱后部和侧部栽种水草，给它们留下大空间。闪电鱼性情温和，可以与体型大小近似而且性格平和的其他鱼类混养在一起，如一些波鱼品种，又如斑马鱼种类和一些小型鲃鱼品种。只要你记得定期换水，闪电鱼对水质并不苛求。如果你万一换水而导致水质下降，它们会游动迟缓，隐藏在水草中，甚至不愿进食。正常情况下，闪电鱼很贪食你投喂的薄片饵料，以及鲜活、冷冻或冻干饵料；混合食谱能帮助它们保持精致的颜色。这种鱼类是初学养鱼者的理想选择。

　　体长：雄鱼和雌鱼均为 6cm 左右。

繁殖方式

所有斑马鱼品种在水草上产散布卵，在 10~15cm 深的温暖淡水中，两条雄鱼和一条雌鱼为一组在细叶水草上产卵。要移走产卵后的亲鱼，因为它们会吃掉鱼卵。鱼卵需要 48h 孵化，鱼苗须投喂细小的活饵料。

雌鱼比雄鱼身体宽深

闪电鱼的细嫩触须在水质差时会很快损伤

原产地

在东南亚的缅甸、
泰国、马来半岛和
苏门答腊等地的溪
流和河流中

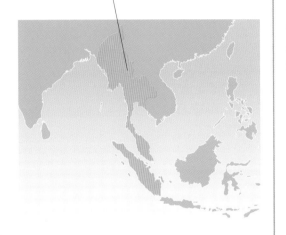

理想生存条件

水质：弱酸性到中性水，软到略硬水质。

水温：20~25℃。

饵料：小而鲜活或冷冻的水生无脊椎生
物，如水蚤、孑孓和红蚯蚓，以及薄片
饵料和绿色食物。

水族箱最小蓄养数量：4尾。

最小水族箱规格：60cm。

活动水域：中部到上部。

黄金闪电鱼

下图是一尾闪电鱼的金色变种——黄金
闪电鱼，在大鱼群中喂养时色彩状态最佳。
闪电鱼售价低廉而且很耐活，雌、雄闪电鱼
在群体中均展现出最亮丽的色彩。

黄金闪电鱼品种的主要亮点之一是侧腹
部不断变化的精致色调，尤其当光线侧面透
过水族箱前部玻璃时，这些色调最为亮丽；
若是光线直投，效果则不太突出。

这一人工养殖的金色闪电鱼变异品
种缺乏野生品种的蓝色素，但作为
补偿，鳍身呈现诱人的金
橘色色带

斑马鱼

　　当你看到成熟健康的斑马鱼身上深蓝色和金色的条纹时，就认同斑马鱼确如其名了，它是深受欢迎的水族箱观赏鱼品种（还有一个白化品种和一个长鳍变种可以购买得到）。但在水族店里不要期望总是看到这种鲜明色彩的斑马鱼，因为出售的若是幼鱼，颜色会淡一些。投喂包括一些鲜活或冷冻饵料的多样食物，斑马鱼会很快成长为优良质地的成鱼。一个斑马鱼组成的鱼群总是绕着水族箱游弋，也能与品性相似的其他鱼类相处融洽。

　　斑马幼鱼不易区分性别，但成熟雄鱼比起雌鱼颜色更深，体型更为纤细。在一组4尾斑马鱼中，你至少会发现一对交配的鱼儿，但为了增加概率，可以购买6尾。斑马鱼是养鱼新手的完美选择，或许也是水族爱好者试图在家中繁殖的第一批产卵鱼。要给斑马鱼充足的巡游空间；在需要时，灌木丛将为其提供隐身之地。

　　体长：雄鱼和雌鱼均为6cm左右。

理想生存条件

水质：弱酸性到中性水，软到略硬水质。

水温：18~24℃。

饵料：小而鲜活或冷冻的水生无脊椎生物，如水蚤、孑孓和红蚯蚓，以及薄片饵料、绿色食物和藻类。

水族箱最小蓄养数量：4尾。

最小水族箱规格：60cm。

活动水域：中部到上部。

质地优良的斑马鱼在侧腹的条纹呈连贯状态

▶ 原产地

从加尔各答到默
苏利珀德姆的印
度东部地区

下图：尽管这两尾鱼表面形态不同，但豹纹斑马鱼（上）和斑马鱼属同一品种，而且交配繁殖方法相同。

▶ 繁殖方式

斑马鱼易于繁殖，需要让亲鱼在鱼群中配对并充分投喂鲜活饵料，以促使其进入繁殖状态。在水族箱中添加冷水能促发产卵，一对完全成熟的亲鱼可在水草上播撒500枚卵。鱼卵需要48h孵化，鱼苗须投喂细小的活饵料和商业出售的幼鱼饵料。

孵化箱构造

孵化箱规格为
60cm×30cm×30cm

细叶水草和软藻类

温度设定为
18~24℃

铺设大颗粒卵
石或双层玻璃
球

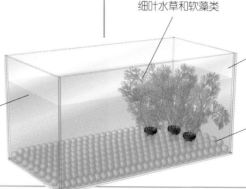

大斑马鱼

大斑马鱼总是不停游动，以致人们形容它有点焦躁。大斑马鱼对其他鱼类颇能容忍，但一定不要将其与有可能骚扰或威胁到它的鱼类混养在一起，比如有些体型较大的彩虹鱼会跟大斑马鱼争夺相同的游动空间。将所有水草栽种到水族箱后部和侧部，可让一两株阔叶水草（如皇冠草）长高至水表面，以便大斑马鱼能在叶间隐身。这种遮盖水草还能防止活跃好动的大斑马鱼跳出水族箱。

体长：雄鱼和雌鱼均为 10cm 左右。

繁殖方式

雄性斑马鱼比雌鱼体型要纤细。大斑马鱼在一段时间内分批产卵在水草上，每次产下 8~10 枚卵，这一进程持续到雌鱼卵子耗尽。此时，一对完全成熟的亲鱼可能产下多达 300 枚卵。在产卵后将亲鱼移走，鱼卵在约 36h 后孵化，投喂鱼苗细小的活饵料。

安全第一

大斑马鱼要求空间充分而安静的水族箱，因为它容易受惊，随时会跃出水族箱来躲避潜在的危险。记住，一定要使用玻璃箱盖。

大斑马鱼的体色和纹理会因种鱼质量而有所变化，这是我们无法掌控的

理想生存条件

水质：弱酸性到中性水，软到略硬水质。

水温：22~24℃。

饵料：小而鲜活或冷冻的水生无脊椎生物，如水蚤、孑孓和红蚯蚓，以及薄片饵料和绿色食物。投喂饵料一定要多元化。

水族箱最小蓄养数量：4 尾。

最小水族箱规格：75cm。

活动水域：中部到上部。

原产地

印度和斯里兰卡西海岸的溪流和池塘中

这里展示的雄性大斑马鱼身体中央的蓝色条纹从头到尾笔直贯穿，而雌鱼的蓝色条纹会上翘

黄金大斑马鱼

活泼的黄金大斑马鱼缺乏正常大斑马鱼品种的蓝色素，其体色是选择性繁育的结果，成鱼也能长到 10cm 的长度。

大斑马鱼和孟加拉斑马鱼都适合较大的水草水族箱，喜欢流动而非停滞的死水，要为它们提供良好的通风。

在表层水中游动的鲤科鱼类为水族箱增添了勃勃生机，纤细的身躯表明它们是速度极快的游泳好手，在山间湍急的溪流里和丛林中舒缓的水流中一样游动自如。这些鱼类口颚中没有牙齿，全凭喉部的牙齿研磨食物。

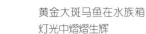

黄金大斑马鱼在水族箱灯光中熠熠生辉

白云山鱼

这种彩色小鱼因为体型较小而常被人们忽视，但是如果你只有能容纳小水族箱的房间，它就是你的鱼种首选了。要牢记的重点是白云山鱼无法忍受太长时间的过热状态。

白云山鱼喜欢丛生水草，也爱与同类相处，所以要保证至少6尾为一组来喂养。如果这些条件无法被满足，白云山鱼会变得很胆怯并在水族箱角落中郁郁寡欢，而美丽的色彩也会黯然无光。

其他变种

白云山鱼有一个较难伺候的长鳍变种，它要求温度略高的水质条件，否则会罹患细菌感染。

体长：雄鱼和雌鱼均为4cm左右。

雄性白云山鱼色彩
更艳丽，体型更纤细，
而雌鱼则圆胖些

左图：即使在混养水族箱中，白云山鱼也能进入产卵状态。幸运的话，你可以观察到雄鱼追逐示爱身形圆滚滚的雌鱼，并与其交配产卵。

原产地

中国南部广东省附近的白云山地区的溪流中

理想生存条件

水质：中性水，软到略硬水质。

水温：18~23℃。

饵料：小而鲜活或冷冻的水生无脊椎生物，如水蚤、孑孓和红蚯蚓，以及薄片饵料和绿色食物。投喂饵料一定要多元化。

水族箱最小蓄养数量：6尾。

最小水族箱规格：45cm。

活动水域：中部到上部。

白云山鱼的繁殖

雄鱼向它选中的雌鱼求爱时充分展示鱼鳍，并环绕雌鱼游动，直到与爱侣终于携手成功，会在细叶水草上逡巡产卵并授精。鱼卵在约36h后孵化，要投喂鱼苗细小的活饵料。白云山鱼很容易在凉爽水温条件下繁殖，许多水族爱好者在温暖的夏季将其置于户外，发现它们在水草丰沛的池塘和水盆中就能成功繁殖。

上图：在水族箱灯光的照射下，白云山鱼很快充分展示出它们的美丽身姿。

三角灯鱼

在水族箱中的植被区域和一些开阔水域，以及水草下方安静而昏暗的地带，是三角灯鱼游弋和隐藏的空间。三角灯鱼喜欢与同类聚群，但也愿意和其他波鱼种类和斑马鱼为伍。大多数养鱼新手想要在水族箱中直接投放非常受人喜爱的三角灯鱼，但耐心是成功的关键。要保证你已经开缸水族箱并掌握了换水、过滤器清洗和投喂等技能，最好等上 6~9 个月再试图喂养三角灯鱼，否则它们会很快死亡。要供给包括小粒的冷冻甚至鲜活饵料在内的多元化食物，使三角灯鱼生长得更壮实，色彩更艳丽；定期换水也是保障它们健康的基本要素。

体长：雄鱼和雌鱼均为 4.5cm 左右。

下图：这是一尾典型的雌性三角灯鱼，显示出比雄鱼更深宽的身体轮廓。粗黑的斑纹和彩虹色鱼鳍令其在家庭混养水族箱中呈现夺目的光彩。

原产地

东南亚地区的马来半岛和苏门答腊东北部

左图：三角灯鱼倒悬身体以便将鱼卵产在阔叶水草的叶背面。

理想生存条件

水质：弱酸性到中性水，软到略硬水质。

水温：22~25℃。

饵料：小而鲜活或冷冻的水生无脊椎生物，如水蚤、孑孓和红蚯蚓，以及薄片饵料。

水族箱最小蓄养数量：8尾。

最小水族箱规格：45cm。

活动水域：中部到上部。

三角灯鱼的繁殖

将一尾调养充分的成年雄鱼和一尾较年轻的丰满雌鱼在晚间稍后时刻投放到孵化箱。雄鱼挑起求爱行为，包括在青睐的雌鱼面前摆动闪亮鳍部和起舞游动。不久这对爱侣绕水族箱一起游动，最终在一片合适的水草叶下活动。它们倒悬身体排出几枚鱼卵，然后离去继续求爱活动，接着回来再次产卵（通常在相同区域），最终平均产下约40枚卵。亲鱼在产卵后要移出孵化箱，鱼卵第二天孵化出鱼苗，鱼苗第三天就会自由游动了。投喂幼鱼纤毛虫或鱼苗液态专用饵料，一周后再喂食鳃足虫。鱼苗生长很迅速，3个月后体长可达2.5cm。

雌性三角灯鱼的黑色斑纹主要边缘呈笔直状

雄性三角灯鱼的黑色斑纹主要边缘呈倾斜状

红线波鱼

　　红线波鱼因为色彩单一而常被人们忽视，这种活泼的小型波鱼在水族箱中定居迅速，如果投喂以广泛多元的饵料，会很快沿侧腹长出一条粗红线。性情温和而喜欢群居的红线波鱼在至少4尾同类的群体中会感觉安全，也乐于同体型相近的其他中部水域鱼类共处。

　　定期换水对红线波鱼的喂养很重要，否则这种鱼儿会遭受损失。如果你注意到它们在角落中郁郁寡欢或在水草丛中躲藏，身体色彩黯淡并且鱼鳍夹紧，则一定是出现问题的征兆。你要立刻采取措施，只需换水通常就能够解决问题，鱼儿很快会冒出来四处游动了。

　　体长：雄鱼和雌鱼均为7cm左右。

▶ 理想生存条件

水质：弱酸性到中性水，软到略硬水质。

水温：23~25℃。

饵料：小而鲜活或冷冻的水生无脊椎生物，如水蚤、孑孓和红蚯蚓，以及薄片饵料。红线波鱼还喜欢吃软藻类和莴苣。

水族箱最小蓄养数量：4尾。

最小水族箱规格：60cm。

活动水域：中部到上部。

红线波鱼非常喜欢吃小而鲜活的饵料

原产地

东南亚地区的马
来西亚西部和苏
门答腊地区

繁殖方式

雄鱼一般比雌鱼细长。这种卵生鱼
是出了名的难以繁殖，因为它们对
配偶非常挑剔。如果配对成功，亲
鱼会将卵产在细叶水草当中。鱼卵
约24h孵化出鱼苗，鱼苗需要投喂
很细小的饵料。

红尾波鱼

在拥有开阔水域的水族箱中，这种来自泰
国东南部的小巧群集性红尾波鱼喜欢与相似品
种的鱼类生活在一起，如斑马鱼。在高大水草
环绕侧面和后部，低矮水草位于前部的水族箱
中，红尾波鱼欢快地在水草丛中疾速游动，并
与其他鱼类一起畅游。红尾波鱼不易交配，幼
龄鱼儿尤其困难，但因为你会成群购买，其中
必然雌雄搭配。生长成熟时，雄鱼明显比身体
宽深的雌鱼要纤细。饵料中的冷冻水蚤和红蚯
蚓有助于保持鱼身的彩虹光泽。

剪刀尾波鱼

剪刀尾波鱼属大型波鱼，所以要喂养在活动空间充裕的长水族箱中。将水草栽种在水族箱后部和侧面，以便为其在受到惊扰时提供掩蔽，这可以抑制它们出于恐惧想要跳出水族箱的冲动。它们喜欢可以在轻柔水流中游动的水族箱，定时换水非常重要。

剪刀尾波鱼一点也不难养。它们从水表觅食薄片饵料，有时特别渴求食物以至于会跃出水面。要记住，多元化食谱养就更健康的鱼儿，所以一定要投喂多样替换饵料，如冷冻红蚯蚓或者活饵料。

如果生存条件不佳，剪刀尾波鱼易患白点病，比如水温突然变化，或被不适宜的水族箱同伴骚扰施压。千万不要把剪刀尾波鱼和比其体型大且可能骚扰它们的鱼类放养在一起。

体长：雄鱼和雌鱼均为 15cm 左右。

理想生存条件

水质：弱酸性到中性水，软到略硬水质。

水温：23~25℃。

饵料：小而鲜活或冷冻的水生无脊椎生物，如水蚤、孑孓和红蚯蚓，以及薄片饵料。

水族箱最小蓄养数量：4 尾。

最小水族箱规格：60cm。

活动水域：中部到上部。

安全第一

　　这种活泼可爱的鱼类在受到惊吓时容易跳跃，所以一定不要忘记在水族箱上安装玻璃箱盖。

这种鱼类在跳跃时很容易损伤身体

马来西亚西部，苏门答腊和婆罗
洲的湖泊、河流与溪流中

大点波鱼

这种线条明快的小鱼生有独特的黑色斑点，为水族箱展示增添了灵气。成鱼身长最大可达 10cm，但事实上很少有超过 7~8cm 的品种。活泼灵巧的大点波鱼对水族箱内的特定领地会颇具占有欲，解决方案是将其 6 尾或更多为一组同足量的其他鱼种喂养在一起，这样大点波鱼就没有机会建立自己的领地了。它们的原始家园在马来西亚、苏门答腊和婆罗洲，喜欢植被密布的环境，在其中可以躲避太强的光照。

右图： 小而色彩艳丽的大点波鱼为混养水族箱添加了乐趣。

飞狐鱼

　　一旦你的水族箱成熟稳定，飞狐鱼是清除藻类的有用鱼种，但它不会吃掉丝藻，这就得你自己清除了。飞狐鱼还吃真涡虫，可用于生物防治，胜过用化学药物来清除水族箱中的害虫。但是飞狐鱼的这种食性并不意味着你可以不用投喂饵料，它们吃片状、块状和颗粒状饵料，但更喜欢鲜活和绿色饵料。

　　飞狐鱼具有领地性，所以在 60cm 长的水族箱中只能喂养一条，否则它们会互相攻击，造成弱势一方死亡。除此之外，它们是颇讨人喜欢的鱼儿，会花上很多时间在水草叶子和岩石上靠着胸鳍休息。在植被良好、氧气充裕的水族箱中，你会经常看到飞狐鱼在过滤器的出水口处嬉戏。一定要盖好水族箱，因为飞狐鱼非常喜欢跳跃！定期换水和保持过滤性能高效对保持这种鱼类的健康很重要。

　　体长：雄鱼和雌鱼均为 15cm 左右。

▶ 理想生存条件

水质：弱酸性到中性水，软到略硬水质。

水温：24~26℃。

饵料：小而鲜活或冷冻的水生无脊椎生物，如水蚤、孑孓和红蚯蚓，以及薄片饵料和绿色食物。

60cm 长水族箱最大蓄养数量：1尾。若多尾需要更大水族箱。

最小水族箱规格：60cm。

活动水域：中部到上部。

投喂多元化饵料以保持飞狐鱼的色彩

鱼儿快频率的呼吸有时可能为水中氧气含量下降的迹象，需要检查过滤系统

原产地

印度北部，缅甸，
泰国北部，马来
半岛，苏门答腊
和婆罗洲

雌、雄飞狐鱼的粗
黑条纹一样浓色

黑线飞狐鱼

　　黑线飞狐鱼常被人们甚至进口商们与飞狐鱼混淆，但如果丝藻是你的水族箱问题，就值得搞清楚你养的是不是能帮助清除丝藻的黑线飞狐鱼。一个保险的鉴别部位是触须，黑线飞狐鱼没有触须；事实上，身体粗胖的黑线飞狐鱼是靠实干（清除丝藻）而非长相得名的沉稳鱼种。

黑线飞狐鱼能长到14cm长，像"标准型"飞狐鱼一样，不在家庭水族箱中繁殖。向下的吻部使得两种鱼类都能在藻类覆盖的表面觅食

红尾黑鲨

红尾黑鲨由于它醒目的色彩和如同鲨鱼般的鱼鳍而成为受人喜爱的热带观赏鱼，然而它并非没有缺点。如果在混养水族箱的鱼群蓄养阶段过早投放，红尾黑鲨会视整个水族箱为自己的地盘而主动挑衅追逐其他鱼类。

体长：雄鱼和雌鱼均为 13cm 左右。

极少有其他鱼类能与红尾黑鲨鲜明的体色对比和令人瞩目的体型比肩

红尾黑鲨是号称"超清道夫"的食腐鱼类，有着敏感的触须和强壮的吻部

▶ 理想生存条件

水质：软到中等硬度水质，中性水。

水温：22~26℃。

饵料：包括丸状和威化沉水饵料，以及鲜活或冷冻的饵料。

水族箱最小蓄养数量：只能每箱 1 尾。

最小水族箱规格：90cm。

活动水域：底部。

红尾黑鲨喜欢在水草间、根部或洞穴中藏身

原产地

泰国的沼泽和溪流中

红宝石鲨

　　红宝石鲨或红鳍鲨与红尾黑鲨关系紧密，但体型上要略微瘦一些，行为上要温和点。在幼鱼期，红宝石鲨和红尾黑鲨都有着奇特的黑色躯干和亮红色鱼鳍，但随着时间推移，红宝石鲨的躯干颜色变为朦胧的炭灰色。其面部出现一条黑色条纹，从眼睛后部延伸至吻部，在尾鳍基部有一个黑点可见。

尾部黑点依然可辨

粉红鲨

　　粉红鲨是红宝石鲨的白化变种，这两种鱼都可长至 15cm 长度，生存条件要求与红尾黑鲨相似。在真正的白化现象中，黑色素是完全缺失的，眼睛呈红色。在图中这一例粉红鲨身上你仍然能够查看到尾部黑点的轻微痕迹。真正的粉红鲨品种在自然界很少生长到成熟状态，因为它们的体色太惹眼了。

断线脂鲤

　　断线脂鲤是中等体型脂鲤科鱼里最让人印象深刻的品种之一。这种鱼儿喜欢四处游动，所以栽种水草时要考虑到这一点，以提供它们充裕的开阔水域。如果水质恶化，断线脂鲤容易生病，所以一定不要忘记换水！断线脂鲤的喂养很简单，干饵料就能满足它们，但为了保持身体光泽，一定要添加活饵料或同种类的冻饵料。断线脂鲤会很神经质和胆小，尤其在被小群体喂养的情况下，它们也需要群体安全感，要避免将其与喜欢啃咬鱼鳍的其他鱼类混养在一起。

　　体长：雄鱼 8.5cm 左右，雌鱼 6cm 左右。

清晰可见的鳞片和浓重的色彩增加了这种鱼类的魅力

相容性

　　雄性断线脂鲤之间会彼此争斗，所以不要在水族箱中投放太多数量。

理想生存条件

水质：弱酸性到中性水，略软水质。

水温：22~26℃。

饵料：小而鲜活或冷冻的水生无脊椎生物，如水蚤、孑孓和红蚯蚓，以及薄片饵料。

水族箱最小蓄养数量：6尾。

最小水族箱规格：90cm。

活动水域：中部。

凭借长长的鳍身和有些凌乱的尾鳍很容易辨别出雄性断线脂鲤

原产地

中非的扎伊尔河和附近的湖泊地区

繁殖方式

将调养好的一对断线脂鲤放入孵化箱，稍后关掉灯光。大多数亲鱼会在第二天早晨产卵，透明的鱼卵黏附在水草叶片上或集卵拖布上，或者沉入泥炭木底砂中。这种大大的鱼卵约在 5d 后孵化成苗。

鱼苗养殖

鱼苗停留在鱼卵依附材料上数天，然后就能够自由游动了。此时鱼苗需要先进食纤毛虫 1~2d，再吃上新孵化出的鳃足虫。一旦长到 2cm 长度，鱼苗会觅食大点的饵料和专用生长饵料，它们在 5cm 长度时性别明显，但要到接近 7.5cm 长度时才真正性成熟。

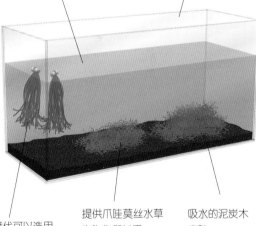

pH 值为 6.5 的超软水质，温度 25℃

水族箱规格为 90cm×30cm×45cm

作为替代可以选用集卵拖布

提供爪哇莫丝水草作为集卵材质

吸水的泥炭木底砂

迷你灯鱼

迷你灯鱼得其名是由于鳍尖闪闪发亮，是很适应混养在水族箱的温和鱼种（尽管有时也会喜欢啃啮）。具有典型脂鲤风格的迷你灯鱼在开阔水域地带大量群聚，有危险来临时在水草中寻求庇护。这种鱼类在水族箱中部水域游弋，在自然环境中栖身于流动顺畅、含氧量高的小溪水流中。因此你应当在水族箱里栽种水草丛并留出一些开阔水域，要保证水族箱过滤系统运转效率并供应充足的富氧水。在开缸放养第一批鱼的 1 个月后，体力充沛而健壮的迷你灯鱼是你可以添加的首批脂鲤科鱼品种之一。

体长：雄鱼和雌鱼均为 5cm 左右。

理想生存条件

水质：弱酸性到中性水，软到略硬水质。

水温：22~28℃。

饵料：小而鲜活或冷冻的水生无脊椎生物，如水蚤、孑孓和红蚯蚓，以及薄片饵料。要供应多元化饵料。

水族箱最小蓄养数量：4 尾。

最小水族箱规格：60cm。

活动水域：中部。

原产地

巴西东部的圣弗朗西斯科河流域；巴西西部的普鲁斯河支流

飞凤灯鱼

　　这种鱼类来自巴拉圭盆地，在尾基部有指示灯状白点，臀鳍上也有亮白点。它精致的银色体彩与混养水族箱中的霓虹灯鱼和宝莲灯鱼的体彩形成很好的对比。飞凤灯鱼喜欢弱酸性水质，是对水质更为敏感的脂鲤鱼类之一，它的体质不够强壮耐活，不足以推荐为添加展示的第一批鱼种，要等到水质成熟后再行投放。成鱼生长长度可达 4.5cm。

繁殖方式

这种小型卵生鱼类能产大约 300 枚卵，但要防止亲鱼吞食鱼卵。孵化出的鱼苗先投喂新孵化的鳋足虫，随鱼苗生长而增大活饵料的供应尺寸。

左图： 雌鱼比橙色雄鱼略显黄色，鱼鳍的亮尖也稍淡。成熟雄鱼比雌鱼更显纤细，背鳍、臀鳍和尾鳍的亮尖也更醒目。

117

红灯管鱼

鱼类分科：脂鲤科（脂鲤）

　　我们购买的红灯管鱼大多为人工方式养殖，它们已经适应了普通水族箱常见的生长条件，因此成为养鱼新手的优良选择。购进一小群红灯管鱼并精心饲喂，它们会回应以充分的活力和美丽的体彩。这种鱼的得名显然源自它纵贯全身的亮红色条纹。

　　尽管红灯管鱼愿意吃常见的小颗粒水族饵料，你还是需要注意投喂方式。它们喜欢一天2~3次小剂量喂食，而非早上或晚间的单一投喂，尽管那样它们也能存活。如果你想将红灯管鱼培养至繁殖状态，少食多餐的喂养方式能真正奏效。

　　体长：雄鱼和雌鱼均为4cm左右。

下图：生存满意度高的红灯管鱼会充分展示它们的体彩和鳍身。

▶ 理想生存条件

水质：弱酸性到中性水，软到略硬水质。

水温：23~28℃。

饵料：小而鲜活或冷冻的水生无脊椎生物，如水蚤、孑孓和红蚯蚓，以及薄片饵料。

水族箱最小蓄养数量：4尾。

最小水族箱规格：60cm。

活动水域：中部。

原产地

圭亚那的埃塞奎博河中

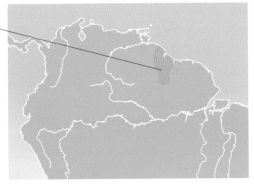

左图：细心检查你购买的鱼种，像不像图中的漂亮红灯管鱼，它们有时会因近亲交配繁殖而产生畸形。

下图：红灯管鱼为水族箱展示增添一抹绚丽的粉橙色，令后来投放到水族箱的鱼儿以为自身在神秘地自然发光，这种让人信服的幻觉或许帮助了红灯管鱼在热带圭亚那阳光斑驳的水域家园中能保持密集队形。

繁殖方式

雄鱼比雌鱼瘦长，采用典型脂鲤科鱼繁殖方式，鱼卵散布于水草上，需要定期喂养鱼苗少量细小的鲜活饵料。

头尾灯鱼

你几乎能够透视这种小型脂鲤鱼，事实上这有助于鉴定它们的性别，因为雄鱼的鱼鳔更尖一点，而雌鱼的则丰满。头尾灯鱼是往水族箱里添加的良好品种，与同类和其他鱼种能和平相处。因为需要安全感，所以它们大部分时间藏在水草之中，但一有饵料投入，它们会最先冲出取食。活饵料能令其显示最美丽的色彩，但若缺少，也可投喂充分多元的冷冻和薄片饵料。

一定记得定时换水并查看过滤系统是否工作正常，头尾灯鱼喜欢干净、含氧量充分的水质。换水还能抑制硝酸盐积累，硝酸盐的积累是头尾灯鱼无法忍受的。

体长：雄鱼和雌鱼均为5cm 左右。

▶ 繁殖方式

头尾灯鱼是繁殖容易的脂鲤鱼。在温暖酸性的软水质条件下，头尾灯鱼将鱼卵散布于细水草上，要投喂鱼苗新孵化的鳃足虫。

群体越大，头尾灯鱼越愿意在水族箱中探险

原产地

圭亚那和亚马孙盆
地北部地区

理想生存条件

水质：弱酸性到中性水，软到略硬
水质。

水温：22~28℃。

饵料：小而鲜活或冷冻的水生无脊
椎生物，如水蚤、孑孓和红蚯蚓，
以及薄片饵料。

水族箱最小蓄养数量：4尾。

最小水族箱规格：60cm。

活动水域：中部。

制作泥炭块底砂

左图： 在水表面弄
碎并铺设 5cm 厚
的泥炭块底砂，用
活性炭过滤的雨水
或混合自来水的逆
渗透水来达到合适
的水质硬度。

左图： 泥炭木最初
在水表漂浮，可
能需要一周左右沉
入水底，每天进行
搅拌，并用手挤压
充满气体的泥炭块
儿来促使其更快沉
底。

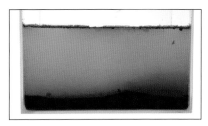

上图： 现在水质已经酸化并含有许多有益
的微量元素，你可以将这种处理好的水抽
到另一个容器，让要求酸性软水的鱼类使
用，也可以就地利用处理水的水族箱养鱼。

血心灯鱼

　　这种色彩亮丽的脂鲤鱼常被忽视，因为在水族店的水族箱中无法充分展示真正的色彩，很幼小的鱼苗也缺乏成年雄鱼可见的狭长背鳍和臀鳍，但应该尝试喂养这一品种。精致的粉红体色和独有的侧腹上红色"心形"斑纹令其价值凸显。这种鱼通常为野生捕捞，很难适应水族箱生活条件，所以要查看是否在水族店精心喂养了一段时间。细心观察水质变化并定时换水以避免硝酸盐积累。一旦定居水族箱，血心灯鱼愿意吃薄片饵料，但也从冷冻和鲜活饵料的定期供应中受益颇多。

　　体长：雄鱼和雌鱼均为 6cm 左右。

相容性

　　血心灯鱼愿意与其他更小型的温和鱼类相处，在喧闹的水族箱同伴群体中会隐身水草之中。与一般脂鲤鱼不同，你可以喂养一大群血心灯鱼或仅仅一对，但要保证这一对血心灯鱼有其他种类脂鲤鱼陪伴游弋。

▶ 理想生存条件

水质：弱酸性到中性水，软到略硬水质。

水温：22~28℃。

饵料：小而鲜或冷冻的水生无脊椎生物，如水蚤、孑孓和红蚯蚓，以及薄片饵料。

水族箱最小蓄养数量：2尾。

最小水族箱规格：60cm。

活动水域：中部。

即使在幼鱼身上，你也能看到雄鱼的较大背鳍正在明显发育中

原产地

在秘鲁和巴西西部的亚马孙河盆地

阴阳燕子灯鱼

　　来自秘鲁的阴阳燕子灯鱼那上翘的颚部表明它是水表觅食鱼类。尽管它吃薄片饵料，也要补充冷冻或冻干红蚯蚓和水蚤。在水族箱中需提供漂浮水草形成的表面覆盖。最大成鱼体长为 4cm。

雌鱼可以通过较淡的体色和较短的鱼鳍来区分

黑灯鱼

黑灯鱼是另一种人工养殖来满足观赏鱼爱好的小型脂鲤鱼。野外捕获的黑灯鱼对水质要求苛刻，但人工养殖品种则耐活得多，因此可以放养于混养水族箱。但不要将其作为开缸鱼投放，如果你先养了性情温和的鱼种，4~6周之后黑灯鱼就可以被投放在水族箱中并生活得很快乐了。

黑灯鱼是典型的群居性鱼类，在水中先是悬游一段时间，偶尔扇动鱼鳍，再游走一会儿，然后隐身于水草之中。

体长：雄鱼和雌鱼均为4cm左右。

下图：黑灯鱼应当展示出充分的体色，游弋时鱼鳍垂直竖起，若情况并非如此，检查水质条件并在必要时采取措施改善。

理想生存条件

水质：弱酸性到中性水，软到略硬水质。

水温：22~28℃。

饵料：小而鲜活或冷冻的水生无脊椎生物，如水蚤、孑子和红蚯蚓，以及薄片饵料。多元化食谱对促成产卵条件很重要。

水族箱最小蓄养数量：4尾。

最小水族箱规格：60cm。

活动水域：中部。

右图：黑灯鱼的眼睛上半部有独特的红色斑纹。

▶ **原产地**

巴西马托格罗索地区的塔夸里河

▶ **繁殖方式**

雄鱼比雌鱼瘦长，在酸性软水中繁殖，鱼卵散布于细叶水草之上。鱼卵大约36h后孵化，投喂鱼苗像新孵化的鳃足虫一类的细小鲜活饵料。

黑旗鱼

这种小型的、以黑色为主导的脂鲤鱼会给你的水族箱增添一点鲜明的色彩对比。给以优良的低硝酸盐水质，黑旗鱼将成为在水族箱中最易喂养的脂鲤鱼品种之一。在零售商水族箱中喂养的黑旗鱼状态并不最佳，它要求水草栽植良好的安全的水族箱环境，以及精心的喂养来安心定居并展示它真正的光彩。

在野外生存的黑旗鱼见于背阴处的溪流中，所以在水族箱中要栽种水草，应有开阔水域和轻柔的水流。要谨慎选择黑旗鱼的伴侣鱼种，挑选性情温和、不会啃啮其他鱼儿鱼鳍的品种，因为黑旗鱼的宽大鱼鳍对有些鱼类来说诱惑很大。雌性黑旗鱼的鱼鳍呈现更多一点红色。

体长：雄鱼和雌鱼均为 4.5cm 左右。

理想生存条件

水质：弱酸性到中性水，软到略硬水质。

水温：18~28℃。

饵料：小而鲜活或冷冻的水生无脊椎生物，如水蚤、孑孓和红蚯蚓，以及薄片饵料。

水族箱最小蓄养数量：2 尾。

最小水族箱规格：60cm。

活动水域：中部。

原产地

巴西东部的圣弗朗
西斯科河流域

下图：雄性黑旗鱼
身体为深灰色，鱼
鳍为黑色，背鳍较
宽大。

繁殖方式

给以多元化食谱，黑旗
鱼会进入繁殖状态，人
们常常看到亲鱼在混养
水族箱中示爱。黑旗鱼
是产散布鱼卵的鱼类，
在酸性软水质和柔和光
线条件下繁殖。要投喂
鱼苗细小的鲜活饵料。

红衣梦幻旗灯鱼

　　来自哥伦比亚的红衣梦幻旗灯鱼是黑
旗鱼的近表亲，有相似的黑色斑纹特征，
但以红色为背景色。红衣梦幻旗灯鱼比起
黑旗鱼更为娇嫩，要求水质非常优良，但
花费在它身上的功夫不会白费，你会得到
惊艳的红色调。红衣梦幻旗灯鱼是最难添
加的水族箱展示鱼之一，在引入之前所有
的水族箱条件都需要尽可能稳定。这种鱼
在 6~8 尾一组的群体中形态最佳，最大
成鱼体长为 4.5cm，要避免和较大体型的
潜在攻击性鱼类混养。

下图：这尾红衣梦幻旗灯鱼是典型的零
售商水族箱存货品种，随生长成熟呈现
出完美的色彩和纹理。

钻石灯鱼

　　钻石灯鱼在安静和水草丰盛的混养水族箱里生机勃勃，可能的话，为其提供轻柔的流动水流。幼鱼群体常因为不具备成鱼的艳丽特征而在零售商水族箱中被忽视，但如果充分投喂包括细小、鲜活或冷冻的水生无脊椎生物等多元化饵料，钻石灯鱼会很快发育成熟。钻石灯鱼也吃薄片饵料，但单一喂食薄片饵料会导致鱼身闪光鳞片缺少。

　　体长：雄鱼和雌鱼均为 6.5cm 左右。

像图中这尾丰满的雌鱼会长出雄性钻石灯鱼般的鱼鳍

相容性
　　小心不要将钻石灯鱼和可能咬啮它们鱼鳍的其他鱼类品种混养在一起。

合理的投喂和水质条件有助于保持雄鱼的浓重色彩和闪光鳞片

原产地

委内瑞拉北部的瓦伦西亚湖

繁殖方式

钻石灯鱼繁殖不易，但也并非不可为。亲鱼将鱼卵散布于细叶水草上并会吞食，所以产卵后把它们移出。鱼卵 48h 后孵化，要投喂鱼苗以新孵化的鳃足虫。

柠檬灯鱼

这种晶莹剔透的小美鱼（成鱼体长 4.5cm）外表美丽不俗，从无恶习。购买 6 尾或更多为一组，要雌雄搭配，以使其展示最亮丽的色彩。雄鱼臀鳍的黑色条纹更显著，而雌鱼背部更高些。

宝莲灯鱼

　　这种色彩璀璨的脂鲤鱼是最受人喜爱的水族箱观赏鱼品种之一，但并非最容易喂养的品种之一。要到你的水族箱系统稳定下来并明确最终达到了水质参数平衡，再将宝莲灯鱼引入新构建的水族箱（这也是记录水族箱日志的重要原因）。你需要略酸性的软质水和有丰盛水草提供庇护所的成熟水族箱。花钱购买一群宝莲灯鱼是物有所值的，单尾乃至三两尾的宝莲灯鱼都会羞怯躲藏起来，但群聚的它们就胆壮了，而且看上去也更加壮观。大多数宝莲灯鱼都是野外捕获的，是混养鱼种中的热门货。

　　体长：雄鱼和雌鱼均为 5cm 左右。

理想生存条件

水质：弱酸性水，软水质。

水温：23~27℃。

饵料：小而鲜活或冷冻的水生无脊椎生物，如水蚤、孑孓和红蚯蚓等，是宝莲灯鱼的小嘴儿能摄入的饵料，薄片饵料也可。

水族箱最小蓄养数量：6尾。

最小水族箱规格：60cm。

活动水域：中部。

▶ 原产地

巴西西北部

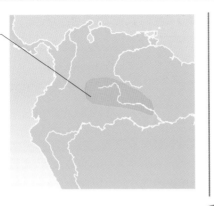

宝莲灯鱼最初于 1956 年被引入美国，引起了轰动，很快挑战了霓虹灯鱼作为最受欢迎热带水族观赏鱼的地位。红色腹部，蓝彩虹色条纹，白边背鳍和臀鳍，醒目的眼睛，在水族箱灯下发出熠熠的荧光，而且性情温和，这一切简直是堪称完美的结合。宝莲灯鱼群越大，观赏效果越佳，尤其在深色背景的陪衬下。

宝莲灯鱼 ——

霓虹灯鱼 ——

▶ 繁殖方式

尽管宝莲灯鱼是已经繁殖成功的卵生鱼，但繁殖难度较大，因为它们对水质参数平衡极端苛求。它们能产下多达 500 枚鱼卵，鱼苗需投喂很小的活饵。值得注意的是如果养在太硬的水质中，成鱼和幼苗的肾脏会受损伤。

在看到宝莲灯鱼和霓虹灯鱼混在一起时，身体斑纹的区分很清晰。成年宝莲灯鱼（5cm 长）也比霓虹灯鱼（4cm 长）略长。大群宝莲灯鱼在茂密水草掩映下疾速游动的景致很美，它们仿佛从体内闪闪发光。

霓虹灯鱼

霓虹灯鱼或许是所有热带水族观赏鱼中最受人欢迎的，现在几乎所有出售的霓虹灯鱼都是人工箱养繁殖的，一些商店提供多种尺寸选择：1~1.5cm 的幼苗到 3~4cm 的成鱼。霓虹灯鱼是长寿鱼种，10 年的鱼龄并非罕见。

栽种有水草并且中部水域开阔的水族箱能展示霓虹灯鱼的最佳状态。有些养鱼爱好者用水族箱专养霓虹灯鱼并使用深色底砂，如黑色砾石，还栽植茂盛的水草来制造惊艳的展示效果。尽管这种箱养的鱼类能耐受广泛的水质参数，但也拒绝会导致缺氧和高硝酸盐值的差劲水质管理。

体长：雄鱼和雌鱼均为 4cm 左右。

▶ 理想生存条件

水质：弱酸性到中性水，软到略硬水质。

水温：20~26℃。

饵料：小而鲜活或冷冻的水生无脊椎生物，如水蚤、孑孓和红蚯蚓，以及薄片饵料。要供应多元化饵料来保持鱼儿的体彩。

水族箱最小蓄养数量：至少 6 尾为一群，10 尾更好，因为这种鱼数量多时观赏效果最佳。

最小水族箱规格：60cm。

活动水域：中部。

成熟雄鱼比雌鱼更瘦长，沿侧腹的蓝线更笔直

▶ 原产地

秘鲁的普图
玛雅河

安全第一

让这种温柔的小鱼与体型和性情相似的鱼类为伴，避免与较大体型的鱼类混养在一起，比如神仙鱼，以免霓虹灯幼鱼被吞吃。

▶ 繁殖方式

霓虹灯鱼的繁殖要求酸性和非常软质的水，以及柔和的光照。鱼卵产在细叶水草上，24h 后孵化，新孵化的幼苗要喂食很细小的鲜活饵料。

鱼苗养育：

从第 1 周起到第 10 天的时间内喂食幼鱼纤毛虫或者液态鱼苗饵料，之后幼鱼就能吃新孵化的鳃足虫了。幼鱼很贪吃，可能暴饮暴食到严重损害内脏的地步。霓虹灯幼鱼生长迅速，但要到 1cm 体长以上才会生出绚丽的色彩。亚洲品种和野外捕获的霓虹灯鱼孵化出的健康幼鱼数量较少，一旦经过人工繁殖培育，第二代孵化出的健康幼鱼数量可达 400 尾之多。

孵化箱构造

水温 25℃，pH 值为 6 或更低的超软水质

孵化箱规格为 60cm × 30cm × 30cm

用黑色材料涂漆或覆盖孵化箱背部和侧面，将箱体置于光线直射之外的区域

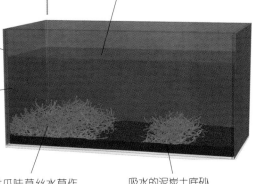

提供爪哇莫丝水草作为产卵用材质

吸水的泥炭土底砂

溅水鱼

适合混养水族箱的溅水鱼是体型稍大的脂鲤鱼，性情活跃，喜欢被群养，至少也得配成一对。喂养溅水鱼的水族箱一定要加上玻璃箱盖，以防鱼儿跳出水面——喜欢在水表觅食的它们会时时跃出。一些浮游水草有助于阻止溅水鱼跳跃，也能为它们提供一个藏身的隐蔽处。水质条件要保持在许可范围内，保证定期换水和过滤功效以防止硝酸盐积聚。

溅水鱼食性广泛，蝇类、漂浮于水表的薄片饵料和沉在底砂的药片状饵料都是它们的觅食对象，它们还爱吃常见的鲜活或冷冻饵料。

体长：雄鱼 8cm 左右，雌鱼 6cm 左右。

▶ 理想生存条件

水质：弱酸性到中性水，软到略硬水质。

水温：23~29℃。

饵料：小而鲜活或冷冻的水生无脊椎生物，如水蚤、孑孓和红蚯蚓，以及薄片饵料。

水族箱最小蓄养数量：2 尾。

最小水族箱规格：90cm。

活动水域：中部到上部。

通常成熟雄鱼比雌鱼体型更大，色彩更艳丽，鱼鳍也更长

▶ 繁殖方式

溅水鱼之所以得其名是因为它们独特的产卵方式。要繁殖溅水鱼，你需要打造一只带有密封玻璃箱盖的特制水族箱，因为产卵状态下的溅水雌、雄亲鱼会身体紧贴并跃出水面，将鱼卵产在悬于水族箱水面之上的水草叶片背面。然后亲鱼落回到水中并重复产卵过程，直到产够约 150 枚鱼卵。雄性亲鱼守护鱼卵并不停往卵上溅水以保持湿润，一直到鱼苗孵化出来并落入水中。新孵化的幼苗要喂食很细小的鲜活饵料。

▶ 原产地

亚马孙河下游的圭亚那地区

红眼灯鱼

这种鱼的眼上部颜色鲜红，故而得名。其尾部环绕有一条醒目的黑带，身上鳞片也带有黑色边缘，使得红眼灯鱼仿佛护甲在身。这种活泼的群集鱼类来自巴西、玻利维亚和秘鲁，爱在中部和上部水域活动，喜欢水草茂盛的水族箱带来的遮蔽。但你要细心选择水草品种，红眼灯鱼会破坏软叶水草。红眼灯鱼比大多数脂鲤鱼体型略大，成鱼体长 7cm。如果你打算群养热带鱼，红眼灯鱼最适合较大的水族箱。

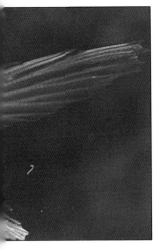

玫瑰扯旗鱼

因其活泼的行为和性格以及耐受力强的天性，玫瑰扯旗鱼自然是受人们喜爱的热带观赏鱼。它们的色彩因繁殖种群不同而有所差异，但总会呈现铜赤色或玫瑰红色，背鳍上带有黑色斑点。如大多数脂鲤鱼一样，玫瑰扯旗鱼只有在群养条件下成群游弋时才呈现最佳状态，偶尔会表现出好斗性，那只不过是建立自然等级的常见行为而已。玫瑰扯旗鱼有偶尔咬啮水族同伴鱼鳍的不好名声，所以要避免将其与长鳍鱼种喂养在一起。玫瑰扯旗鱼原产于自然界中水流舒缓的区域，喜欢水草和根系之中充裕的藏身之地，在水族箱生活中也应有同样生活条件的提供。

体长：雄鱼和雌鱼均为 4cm 左右。

▶ 繁殖方式

在水族箱中水草茂密且酸性质软的水域里，玫瑰扯旗鱼的繁殖相当容易，尽管产下的鱼卵常被吞吃。棕色的鱼卵随着亲鱼的相互追逐和环游而分散产出。新孵化的幼苗非常微小，所以要投喂纤毛虫或是蛋黄。

玫瑰扯旗鱼背鳍上的黑色斑点在快速游动时给水族箱增加了色彩的变换

玫瑰扯旗鱼为水族箱的观赏提供了动感

▶ 理想生存条件

水质：中性到酸性、软到中等硬度的水质。

水温：22~26℃。

饵料：薄片饵料或干燥食物，较小的冷冻或鲜活饵料。

水族箱最小蓄养数量：5 尾。

最小水族箱规格：60cm。

活动水域：如果栽种有高大水草，玫瑰扯旗鱼会停留在上部水域，否则倾向于较低到中部水域。

原产地

巴拉圭到巴西马托格罗索地区的水流舒缓的溪水与河流中

鱼鳔透过铜色的丰满身躯熠熠生光

企鹅灯鱼

　　企鹅灯鱼沿身体中部和下尾鳍的"曲棍球棍"状黑色条纹赋予其在水族箱中醒目而独特的存在感。企鹅灯鱼可生长至6cm长，之所以得其名不仅因为独特的黑色条纹，还因为它不一般的游动方式：头部略微上翘，很惹眼的摇动姿态。企鹅灯鱼性情温和，能适应各种水质条件，平时雌鱼比起雄鱼身体略微深阔些，在育卵期会变得很丰满，育卵数量可达1000枚之多。

红肚铅笔鱼

在所有铅笔鱼品种中，红肚铅笔鱼是最容易喂养的。它能与其他小型鱼种在混养水族箱中和平共处，但会受到较大而凶猛的鱼类的惊吓。要避免极端酸碱度条件和太硬水质，保证过滤设备运转正常，因为红肚铅笔鱼不喜欢水中有太多悬浮物；同时，还要为其提供细叶水草（如水盾草）丛簇带来的庇护。

铅笔鱼能改变自身的色彩纹理。在白天你可以看到它们显眼的纵向条纹，而在夜间或光线暗淡的情况下纵向条纹似乎消散了，你只能看清它们身上的垂直竖线，这种情况很正常，不需丝毫担忧。

体长：雄鱼和雌鱼均为 5cm左右。

下图: 由于充分投喂了鲜活饵料，这尾体态丰满的雌性红肚铅笔鱼似乎已经准备好产卵了。

▶ 理想生存条件

水质：弱酸性到中性水，软到略硬水质。

水温：23~26℃。

饵料：小而鲜活或冷冻的水生无脊椎生物，如水蚤、孑孓和红蚯蚓等。定期投喂鲜活饵料能保持鱼儿的艳丽色彩，还可提供薄片饵料。

水族箱最小蓄养数量：2尾。

最小水族箱规格：60cm。

活动水域：中部。

圭亚那，内格罗
河下游以及巴西
的亚马孙河流域
中部

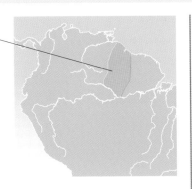

雄鱼比雌鱼瘦长，鱼鳍有白色边缘

三线铅笔鱼

　　铅笔鱼属温和腼腆的鱼种，给水族箱带来宁和感。三线铅笔鱼有着基于三条显著水平条纹的美妙斑纹图案，在上面两道条纹间的鱼身呈金色，每条鱼鳍的基底有猩红色斑纹。与其他铅笔鱼一样，三线铅

笔鱼的三条粗黑条纹在夜间为宽竖线视觉替代。三线铅笔鱼在中部水域活动，要投喂薄片饵料并提供一些藏身之所。不要将其与有可能惊吓它们的喧闹鱼种喂养在一起。三线铅笔鱼可生长至10cm，与红肚铅笔鱼一样都可见于圭亚那和巴西的相同区域。三线铅笔鱼会花费大部分时间驻停在水草丛中的安全地带，所以人们能从容观赏这种魅力十足的小鱼儿。

帆鳍玛丽鱼

这种气势宏伟的鱼种非常受人喜爱，却很难喂养，需要正确的食谱、充足的空间和舒缓的水流，还要求合理的水温和优良的水质。如果生存条件得不到满足，杂交的帆鳍玛丽鱼很容易患病。在自然界中，帆鳍玛丽鱼通常游弋在新鲜的纯海水中；而在箱养状态下，水中的盐分越多，这种鱼患病越少。要等待你的水族箱稳定6个月时间，在确保水质条件稳定后再投放帆鳍玛丽鱼，它们便能生长兴旺。

雄性帆鳍玛丽鱼充分展示它伟丽的背鳍来吸引雌鱼，臀鳍进化为交尾器，有些较大型的帆鳍玛丽品种的交尾器要到一岁龄或更长时间才发育成熟。有种所谓的绿帆鳍玛丽鱼，其雄鱼的淡橄榄色躯干在亮光下呈现银色。雌性帆鳍玛丽鱼与雄鱼相比体色相近，但背鳍要小得多，而且没有交尾器。有些雄性帆鳍玛丽鱼的背鳍可能有金橙色边缘，头部和喉部也有相似颜色。

体长：雄鱼8cm左右，雌鱼9~10cm。

右图：一对帆鳍玛丽鱼在水族箱中的开阔水域巡弋。图中的雄鱼头部和喉部呈现橘色，而雌鱼主体为银色，沿侧腹有断续黄色条纹。雄性帆鳍玛丽鱼充分展示它醒目的背鳍来吸引雌鱼。

▶ 繁殖方式

帆鳍玛丽鱼在9月龄发育成熟，成熟雌鱼每个月可产多达100尾鱼苗。鱼苗体型挺大，出生时体长可达7mm，投喂小而鲜活的饵料和充足藻类，它们会迅速生长。

原产地

北卡罗来纳州的东南地区到墨西哥的大西洋海岸

理想生存条件

水质：中性硬水质。

水温：25~28℃。

饵料：小而鲜活或冷冻的水生无脊椎生物，如水蚤、孑孓和红蚯蚓，以及充足的绿色食物和薄片饵料。

水族箱最小蓄养数量：一对雌、雄鱼。

最小水族箱规格：90cm。

活动水域：中部到上部。

上翻的吻部令帆鳍玛丽容易摄取漂浮在水表的饵料

银色帆鳍玛丽鱼

这是一个由两种最常见帆鳍玛丽品种杂交而来的鱼种，生有竖琴鱼尾和高度适中的背鳍。银色帆鳍玛丽鱼可生长到18cm长，更极端杂交的银色气球帆鳍玛丽鱼品种躯干深而紧凑。

橙色帆鳍玛丽鱼

这是绿色帆鳍玛丽鱼的人工繁殖白化品种，缺失所有的黑色素，帆鳍玛丽鱼的特征在这个品种上得到夸大突出，身体可长至18cm长。注意一下图中雄鱼的交尾器。

孔雀鱼

　　孔雀鱼是最流行的水族观赏鱼之一，被大量商业性繁殖，迄今人们已繁殖出不同色彩和鳍形的品种。这些人工培育的鱼种比野生同类要求更高的水温（野生孔雀鱼相比较而言外形很朴素，但因为稀有，很受痴心的热带观赏鱼爱好者的追捧）。在购买孔雀鱼时一定要雌雄搭配，雄鱼因其长而飘逸的尾鳍和绚丽的色彩最为人们所爱。雌鱼色彩要单调得多，只有尾部或者身体的后半部呈现色彩。孔雀鱼因为爱吃孑孓而被人们引进到一些热带区域来防控蚊子。

　　体长：雄鱼和雌鱼均为 6cm 左右。

▶ **繁殖方式**

雄性孔雀鱼在 3 月龄性成熟，而雌鱼要稍早一些。它们容易繁殖，一尾成熟身长的雌鱼可产下 20~40 尾幼鱼。要投喂鱼苗揉碎的薄片饵料或微小的冷冻或鲜活饵料，为降低水族箱中大鱼吞吃鱼苗的风险，可以增添一些漂浮水草。

这尾雌鱼有艳丽的尾部（但不如雄鱼尾部宽大）和朴素的臀鳍

▶ **理想生存条件**

水质：中性硬水质。

水温：18~28℃。

饵料：小而鲜活或冷冻的水生无脊椎生物，如水蚤、孑孓和红蚯蚓，以及薄片饵料。

水族箱最小蓄养数量：一对雌、雄鱼。

最小水族箱规格：45cm。

活动水域：中部到上部。

原产地

特立尼达和多巴哥，以及邻近的委内瑞拉大陆

这尾雄性蛇王孔雀鱼长有独特的带状条纹尾部

如其他胎鳉鱼类，雄性孔雀鱼生有交尾器——经过进化的臀鳍，用于给雌鱼体内授精。

相容性

认真选择孔雀鱼的水族箱同伴，雄性孔雀鱼飘逸的鱼鳍对其他鱼类来说是富有诱惑的食物。神仙鱼和虎皮鱼以咬啮拖曳的鱼鳍而著称，它们造成的开放性伤口易受到真菌侵袭。

霓虹蓝尾孔雀鱼

观赏用途的孔雀鱼品种可谓繁多，名称有霓虹蓝尾孔雀鱼（如下图所示）、蛇纹孔雀鱼、绿蕾丝孔雀鱼、黄化红孔雀鱼、蛇王孔雀鱼、半黑孔雀鱼和迪斯科孔雀鱼等。如果这些品种被分别繁殖，可以保持本身的纯正色彩，但大多数孔雀鱼爱好者都乐于杂交孔雀鱼并期待产下的幼鱼的色彩。

黄化红孔雀鱼

要避免将黄化红孔雀鱼与同色彩的泰国斗鱼放养在一起，以免后者将其视为对手而攻击。与它们颜色单调的野生祖先不同，人工繁殖的孔雀鱼几乎都有着变幻无穷的色彩组合和鳍形，雄鱼更是艳丽多姿。

这尾孔雀鱼的黄红色尾部在水族箱灯光照射下熠熠生光

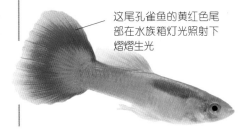

剑尾鱼

剑尾鱼是热带观赏鱼交易中的主流品种之一，人们繁殖出带新颖色彩和鳍形的品种，但红色剑尾鱼仍是最受人欢迎的。优良品质的剑尾鱼呈深血红色，雄鱼直到体型较大时才会生出剑尾。要避免购进已经生出剑尾的小个头剑尾鱼，因为它们不会生长成熟为优良的种鱼。你可以通过查看雄鱼的交尾器来区分剑尾鱼的性别。令人困惑的是，有时发生假性改变的雌鱼也会长出交尾器。剑尾鱼有多个颜色品种，包括红剑尾、黑剑尾、青剑尾、半黑剑尾、红身黑剑尾、白剑尾和竖琴剑尾。

这种活跃的鱼类需要充足的游动空间，所以将水草栽种限制在水族箱后部和侧面。剑尾鱼幼苗也需要充裕空间来成长，要避免数量过多而拥挤，它们喜欢吃水藻和揉碎的薄片饵料。

体长：雄鱼 10cm 左右，雌鱼 12cm 左右。

理想生存条件

水质：中性略硬水质。

水温：21~28℃。

饵料：小而鲜活或冷冻的水生无脊椎生物，如水蚤、孑孓和红蚯蚓，以及绿色食物和薄片饵料。

水族箱最小蓄养数量：一对雌、雄鱼。

最小水族箱规格：90cm。

活动水域：中部到上部。

繁殖方式

剑尾鱼容易繁殖，一次可产多达 80 尾幼鱼，大多数都能存活下来，前提条件是有细叶水草和漂浮水草提供庇护，而且没有会吞吃下它们的大鱼。

雌性菠萝剑尾鱼

成熟雄性剑尾鱼展示出发育良好的剑尾

▶原产地

墨西哥东南、巴西和危地马拉大西洋沿岸的坡度河流中

提示：一定要购买相同色彩的剑尾鱼做繁殖亲鱼，否则你会培养出一些色彩、外形怪异的杂交鱼种。

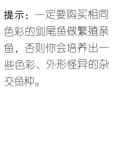

雄性菠萝剑尾鱼

明显的性别变化

雌性剑尾鱼偶尔表现出雄性特征，比如在尾部生出"短剑尾"。

红身黑剑尾鱼

剑尾鱼由最初的青色品种被培育出鳍形夸张的多种色彩系列，图中的红身黑剑尾鱼生有墨黑的尾部和剑突。

黑剑尾鱼

黑剑尾鱼是与燕尾月光鱼极为接近的剑尾鱼变种，人们怀疑它是燕尾月光鱼和剑尾鱼的杂交产物。在所有雄性黑剑尾鱼中，尾鳍的下端伸展延长，剑尾突出越长的雄鱼往往是生殖力最旺盛的。

月光鱼

　　月光鱼是热带观赏鱼养殖新手的优良首选，它们很适应水族箱的生活，是混养水族箱中受人欢迎的添彩品种。月光鱼性情温和，甚至同类之间也鲜有争斗。月光鱼性别的区分可凭借雄鱼的交尾器，成年雄鱼比雌鱼体型要小。如果绿色食物供应不足，月光鱼会啃咬水草，但几乎不造成破坏，通常只吃掉水草叶片上的水藻。养殖月光鱼时要在水族箱中栽种茁壮的水草，如水兰、皇冠草和铁皇冠等。

　　像它的近亲剑尾鱼一样，月光鱼被培育出知名的品系，如红月光鱼、银色月光鱼、燕尾月光鱼、蓝色高鳍月光鱼和日落月光鱼等。

　　体长：雄鱼 3cm 左右，雌鱼 6cm左右。

理想生存条件

水质：中性略硬水质。

水温：21~25℃。

饵料：小而鲜活或冷冻的水生无脊椎生物，如水蚤、孑孓和红蚯蚓，以及绿色食物和薄片饵料。

水族箱最小蓄养数量：一对雌、雄鱼。

最小水族箱规格：45cm。

活动水域：中部到上部。

上图：成年月光鱼身长不及成年剑尾鱼的一半，是很好的混养热带鱼，尤其对只能提供小型水族箱空间的水族爱好者来说。图中是一尾雄鱼。

红月光鱼应当体色血红，鱼鳍深黑色

燕尾月光鱼

在精巧而低调的外表下，燕尾月光鱼是色彩更为艳丽的鱼种的很好衬托。要注意月光鱼的所有品种都易杂交，所以要将不同品种分隔开。下图所示为一尾雌鱼。月光鱼的性别很容易通过臀鳍区分；雄鱼的臀鳍进化为体内授精用的交尾器（见64~65页鱼类繁殖）。

▶ 原产地

墨西哥、危地马拉和洪都拉斯北部地区

▶ 繁殖方式

月光鱼容易繁殖，即便在混养水族箱的有限空间里，幼鱼也能生长至成熟。月光鱼在4月龄性成熟，生产数量不大，因此比起多产的剑尾鱼更适合养鱼新手。

左图：图中是杂色月光鱼品种。上部的两条雄鱼为高鳍品种，比正常月光鱼的背鳍更加高大，下方的两尾雌鱼是日落月光鱼。

147

泰国斗鱼

如今出售的色彩艳丽的泰国斗鱼都是人工繁殖的产物，人们培育出色彩繁多而且鳍身延长的品种。雄性泰国斗鱼色彩绚丽，鳍身很长，而雌鱼鳍身较短，色彩也朴素得多。

泰国斗鱼需要较高且稳定的水温，温度波动会令它们承受压力，也易受感染。不合适的水族箱同伴会咬啮斗鱼拖曳的长鳍，受伤的鱼鳍易遭受真菌和细菌的侵袭，也是造成它们被伤害的主要原因之一。

要为泰国斗鱼提供丛生水草水族箱，而且水草高度要达到水表面，以便为这些美丽的鱼儿带来庇护。

体长：雄鱼和雌鱼均为6~7cm。

图中这尾健康而欢快的泰国斗鱼充分展示了它绚丽而飘逸的鱼鳍

▶ *理想生存条件*

水质：中性略硬水质。

水温：24~30℃。

饵料：小而鲜活或冷冻的水生无脊椎生物，如水蚤、孑孓和红蚯蚓，以及薄片饵料。

水族箱最小蓄养数量：单条雄鱼。

最小水族箱规格：45cm。

活动水域：上部。

上图：一尾雄性钢蓝泰国斗鱼在炫耀它美丽而飘逸的鱼鳍，野生品种的鱼鳍会更精致。

▶ **原产地**

泰国和柬埔寨

上图：雄性泰国斗鱼在时刻警惕的紧张情绪下度过短暂的一生，它是很称职的亲鱼，但对其他雄鱼残酷无情。晃动的鱼鳍和闪耀的鳃盖是雄鱼展示出的威胁态势，很快会凶猛攻击其他同伴的鱼鳍。混养水族箱中的唯一雄性泰国斗鱼会表现平和，但一对繁殖亲鱼需要它们自己专属的水族箱，而且其中的水草要茂盛。

相容性

在一只水族箱中你可以喂养单尾雄性泰国斗鱼（允许有其他鱼类同伴），甚至一尾雄鱼和几尾雌鱼也可，但千万不要将两尾雄性泰国斗鱼养在一起。泰国斗鱼最初的繁殖目的就是它的好斗性，两尾雄性泰国斗鱼会激烈打斗，常常至死方休。它们先是展开鳃盖并闪耀鱼鳍作为威胁姿态，在撕扯彼此的鱼鳍时发起一系列攻击。

丽丽鱼

　　小体型的丽丽鱼是安逸平和的水族箱的理想选择，但不要忍不住将其投放到新构建的水族箱中。等上几个月，待水族箱状况稳定后再考虑购买投放丽丽鱼。野外捕获的丽丽鱼比箱养的品种更难适应水族箱的生活条件。好在出售的丽丽鱼都是箱养鱼，更易在你的水族箱中定居下来。

　　要购买一对雌、雄丽丽鱼，它们通常也按此种方式被出售。凭借色彩很容易区分丽丽鱼的性别：雌鱼更显银色，而雄鱼沿身体侧面有红色和蓝色条纹。丽丽鱼有数种色彩品系。

　　体长：雄鱼和雌鱼均为 5cm 左右。

图中的丽丽鱼品种为雄鱼，以蓝色为主色调，而侧腹表现有红色条纹

▶ 理想生存条件

水质：中性、软或略硬水质。

水温：22~28℃ 。

饵料：小而鲜活或冷冻的水生无脊椎生物，如水蚤、孑孓和红蚯蚓，以及薄片饵料。

水族箱最小蓄养数量：一对雌、雄鱼。

最小水族箱规格：45cm

活动水域：中部到上部。

雌鱼比雄鱼更显银色，在准备产卵时，鱼腹变得膨胀

原产地

在印度的恒河、雅鲁藏布江和亚穆纳河流域

健康警告

要特别注意水质。如果你忘记换水，鱼儿就有麻烦了。如果水质条件恶化，丽丽鱼的鱼鳍会变形而不规整，不愿进食并躲在水族箱的安静角落里，最坏情况下它们会被细菌感染。

红丽丽鱼

鉴别红丽丽鱼性别的方法是雄鱼的背鳍更尖一些。红丽丽鱼性情温和，略显腼腆，隆起的鱼肩轮廓是丽丽鱼类的典型特征。

在氧气不足的水质中生活的鱼类必须游到水表面呼吸以避免窒息。在鱼鳃本身无法满足供氧需求的情况下，攀鲈科鱼类进化出一种辅助呼吸器官来应对缺氧现象（参见155页）。

雌红丽丽鱼

雄红丽丽鱼

珍珠马甲鱼

美丽的珍珠马甲鱼最好养在较大的混养水族箱中，这样它们能够在同类中游动炫耀。雄鱼比雌鱼色彩更浓重，鱼鳍更长。如果水草掩盖充分，喂养一尾以上的珍珠马甲鱼也是安全的。雄性珍珠马甲鱼可能会彼此间争斗，但极少造成真正的伤害。

珍珠马甲鱼是耐活而长寿的鱼种，最适合观赏鱼养殖新手饲养，但一定牢记不要让温度降到"理想生存条件"所示的最低温度值以下。如果鱼儿受寒，好的情况下它们只是不思进食和懒怠，最坏时会患病。

体长：雄鱼和雌鱼均为 10cm 左右。

▶ 理想生存条件

水质：中性、软或略硬水质。

水温：24~28℃。

饵料：珍珠马甲鱼喜欢吃小而鲜活或冷冻的水生无脊椎生物，如水蚤、孑孓和红蚯蚓，以及薄片饵料和绿色食物。

水族箱最小蓄养数量：一对雌、雄鱼。

最小水族箱规格：90cm。

活动水域：中部到上部。

相容性

谨慎选择珍珠马甲鱼的水族箱伴侣鱼，避开任何欺侮它们的鱼类，尤其是以攻击倾向著称的慈鲷科鱼类；否则珍珠马甲鱼会拒绝进食，躲在角落里郁郁寡欢并失去色彩。

繁殖泡巢

珍珠马甲鱼在水表构筑泡沫浮巢，结合水草材质令其坚固。然而有些珍珠马甲鱼品种会在水草叶下和洞穴中筑泡沫浮巢。体型较大的丽丽鱼（或珍珠马甲鱼、黄曼龙鱼和蓝曼龙鱼）能产下数量众多的幼鱼，已知的有一次产下 2000 多尾幼鱼的个例，显然大多数养鱼爱好者并不希望养育全部鱼苗。如果你非要尝试，鱼苗会发育不良并导致水质污染，甚至最终大多数鱼苗被自身的排泄物毒死。

▶ **原产地**

马来西亚，苏门答腊和婆罗洲

游动飘逸的珍珠马甲鱼的鱼鳍对喜欢咬啮鱼鳍的鱼类是巨大的诱惑，由此造成鱼鳍损伤从而易受真菌感染

▶ **繁殖方式**

繁殖时，珍珠马甲鱼会为鱼卵和日后孵化出的鱼苗构筑泡沫浮巢。

水的硬度和 pH 值并不关键，因为珍珠马甲鱼会适应广泛的水质条件

水族箱规格为 60cm × 30cm × 30cm

水温 24~28℃

受到骚扰时雌鱼可藏身的洞穴

像鹿角苔一类的漂浮水草

蓝曼龙鱼

　　由于容易喂养和繁殖，蓝曼龙鱼是水族养殖新手青睐的品种。蓝曼龙鱼，或称为三星曼龙鱼，是水族交易的主流品种之一，蓝曼龙鱼的变种为黄曼龙鱼和白金曼龙鱼（本页图中有展示）。蓝曼龙鱼属杂食性鱼类，从薄片饵料到蝇类无所不食。

　　蓝曼龙幼鱼并不总是容易区分性别，但在成熟时，雄鱼的背鳍更尖一些，色彩也较浓重。繁殖期的雄鱼会疯狂地驱赶其他鱼儿，所以产卵结束后应尽快将雌鱼移出。

　　蓝曼龙鱼在水族箱中非常有用，因为它们喜欢吃真涡虫，这可以省去你往水族箱中投放化学药物灭除这种害虫的麻烦。

　　体长：雄鱼和雌鱼均为 10cm 左右。

理想生存条件

水质：中性、软或略硬水质。

水温：22~28℃ 。

饵料：小而鲜活或冷冻的水生无脊椎生物，如水蚤、孑孓和红蚯蚓，以及薄片饵料。

水族箱最小蓄养数量：一对雌、雄鱼。

最小水族箱规格：90cm。

活动水域：中部到上部。

这是蓝曼龙鱼的变种——白金曼龙鱼

▶ 原产地

东南亚：缅甸，泰国，马来西亚和印度尼西亚

相容性

　　蓝曼龙鱼尽管对待其他鱼类相对温和，但雄鱼彼此间也会具有攻击性，尤其随着年龄的增长更明显。如果它们互相伤害对方，有必要将其中一尾蓝曼龙鱼移到另一只水族箱。即便如此，蓝曼龙鱼还是很值得喂养的，但一定要保证它们不被同伴欺负。

呼吸空气

　　许多鱼类都进化到拥有吸入水中溶解空气的生存方式，但在周期性干涸或者因为腐败死亡植株而被污染的池塘中，摄入水表面空气的能力对鱼类的生存至关重要。攀鲈科鱼类迷宫般构造的辅助呼吸器官由咽部突起或腮腔外延组成，这一器官充满海绵体结构，表面面积很大而且布满血管。氧气从储存在迷路器（也叫腮上器，一种辅助呼吸器官）中的空气里溶解进这些血管来给鱼儿供氧。

辅助呼吸器官

分支发达的迷路器（也叫腮上器，一种辅助呼吸器官）

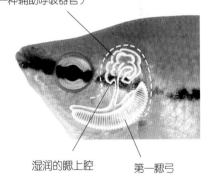

湿润的腮上腔　　　　第一腮弓

攀鲈鱼从它们的迷路器得到一个常用名——迷路鱼。

接吻鱼

接吻鱼经常因为人们对它们"接吻"的新奇感而被喂养，然而这种接吻行为与情爱丝毫无关，而是决定鱼群内等级次序或领地归属的武力角逐。尽管如此，接吻鱼还算是彼此间很少有身体伤害的温和鱼种。这种吻口鱼有着一般常见的腹鳍，几乎不太可能凭此区分雌雄。

尽管接吻鱼挺喜欢吃藻类，但还是需要投喂其他食物，如薄片饵料、冷冻饵料和绿色食物。如果你让接吻鱼适应摄食冷冻豌豆和一些莴苣叶子，它们就不会吃掉你喜欢的水草了。为了获取额外养分，接吻鱼也会通过鱼鳃过滤食用浮游生物。

为了观赏接吻鱼的最佳状态，要给它们提供一只空间开阔的水族箱，装饰以岩石、沉木和阔叶水草。保证水质清洁和过滤效率。

体长：雄鱼和雌鱼均为 15~30cm。

上图：绿色变种接吻鱼没有粉红品种常见，但因其更为精致的色彩而值得喂养。

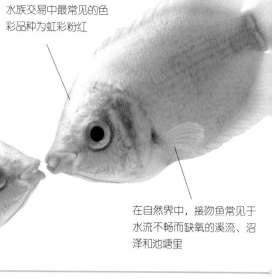

水族交易中最常见的色彩品种为虹彩粉红

因为不可能轻易区分性别，一对雄鱼或一对雌鱼会像一对真正的爱侣一样"接吻"（其实是在争斗）

在自然界中，接吻鱼常见于水流不畅而缺氧的溪流、沼泽和池塘里

草莓丽丽鱼

　　作为体型最小的丽丽鱼品种——最大成鱼体长为 5cm 的草莓丽丽鱼来自印度的阿萨姆邦和孟加拉，最适宜小型水族箱。雄鱼呈现绚丽的蜜色，还有着深蓝黑色的头部和腹部。为促进健康成长，草莓丽丽鱼喜欢能隐身其中的茂密水草。像所有丽丽鱼一样，草莓丽丽鱼在繁殖期变得具有领地性，所以水草庇护有助于保护它们和水族箱中的其他鱼类。草莓丽丽鱼只能与性情温和的其他鱼类养在一起。

▶ 原产地

绿色变种见于缅甸、泰国、马来西亚和印度尼西亚；粉红变种最初在爪哇岛繁殖

▶ 理想生存条件

水质：中性、软到略硬水质。

水温：22~28℃。

饵料：小而鲜活或冷冻的水生无脊椎生物，如水蚤、孑孓和红蚯蚓，以及绿色食物和薄片饵料。

水族箱最小蓄养数量：1尾。

最小水族箱规格：90cm。

活动水域：中部到上部。

水藻清洁夫

　　在水族箱中，接吻鱼的最大价值之一是对水藻的控制，对新建的水族箱尤其如此。无论你买的是绿色接吻鱼还是粉红接吻鱼都无关紧要，几尾投放到新水族箱的接吻鱼苗不久就快活地在水中游弋并觅食水藻了。尽管吃的是植物，鱼苗喜欢藻类胜过水草，使得它们既具有装饰观赏作用，又具清洁实用性，缺点是它们会长得体型很大，甚至会超出你的水族箱容量。

咖啡鼠鱼

咖啡鼠鱼易于喂养，最适合养鱼新手喂养。像所有鼠鱼类一样，但不同于有些鲶鱼，咖啡鼠鱼在昼间也很活跃。这种鱼在底砂中刨弄觅食，所以要用铺设细而圆润底砂（如河沙或圆细砾石）的水族箱来喂养，否则会损伤它们娇嫩的触须。尽管咖啡鼠鱼刨弄底砂，但不会破坏水草根系。如果你仔细观察，会发现咖啡鼠鱼像在自然界一样在底砂中滤食小蠕虫和其他水生无脊椎生物。这种鱼结实耐活，在推荐的水族箱温度范围内生机勃勃，也能短期耐受低至 10℃ 的水温。

作为流行的鱼种，咖啡鼠鱼的色彩存在变异，现今出售的咖啡鼠鱼大多数是在热带鱼繁殖作坊人工喂养的品种，也造成色彩变化多样。咖啡鼠鱼还有白化品种。

体长：雄鱼和雌鱼均为 9cm 左右。

理想生存条件

水质：弱酸到弱碱水，略软或略硬水质。

水温：22~26℃ 。

饵料：小而鲜活或冷冻的水生无脊椎生物，如水蚤、孑孓和红蚯蚓，以及薄片饵料、药片状饵料和颗粒饵料。

水族箱最小蓄养数量：2 尾。

最小水族箱规格：60cm。

活动水域：底部。

相容性

所有的鼠鱼类鱼儿都是能与其他鼠鱼类鱼儿快乐畅游的群集性鱼类，所以不必只喂养单一类别。

这一类鱼种的成员沿身体两侧有两排骨板

包括鲜活或冷冻饵料在内的多元化食谱有助于保持咖啡鼠鱼精致的青铜绿色彩

▶ 原产地

巴西东南部和乌拉圭的沿海岸河流中

▶ 繁殖方式

雌鱼的腹鳍呈口杯状捧住 2~3 枚处于受精状态的鱼卵，将它们轻轻挤出放到一片水草叶上。鱼苗如果喂以新孵出的鳃足虫，会生长迅速。

这种色彩的鼠鱼品种为水族箱增添了活力

白鼠鱼

白鼠鱼最初为缺乏黑色素的自然变异品种，但现在则是按顾客要求定制繁殖的，成熟白鼠鱼体长可达 7cm。

日落色鼠鱼

金灿亮丽的日落色鼠鱼非常受人喜爱，它们受到为改进自然色彩的人工喂养模式的影响。对大批量人工喂养的热带鱼进行染色剂注射而造就的所谓"日落色"鼠鱼颇遭诟病，尽管这种方法依然盛行。如果你怀疑你光顾的水族店明目张胆地出售人工染色鱼，一定要另寻他处，自然界的多样性不应当被如此复制滥造。

满天星鼠鱼

鲇科鱼类中的鼠鱼一直是混养水族箱中非常受欢迎的品种，现在比以往有更多的变种，满天星鼠鱼是其中突出的"新种群"之一。这种鱼有着复杂的斑点条纹图案，令其成为任何一只水族箱中都引人瞩目的品种。所有的鼠鱼都需要群养，尽管它们也经常花时间独自觅食。在休息时刻，同一类鼠鱼会彼此相互依偎。敏感的触须帮助它们在底砂中搜寻食物，它们在水族箱中喜欢在一些茂盛浓密的水草和开阔处觅食。

体长：雄鱼和雌鱼均为 8cm 左右。

▶ 理想生存条件

水质：软或中等硬度水质，中度到酸性水。

水温：20~26℃ 。

饵料：沉底饵料，常规冷冻或鲜活饵料如红蚯蚓。

水族箱最小蓄养数量：3 尾。

最小水族箱规格：60cm。

活动水域：底部。

成熟的雌性满天星鼠鱼比雄鱼要圆胖得多

▶ 繁殖方式

雌鱼比雄鱼要圆胖，小股的黏性鱼卵被产在水草叶片上或其他平面上。鱼卵 4~5d 后孵化出来，可以投喂鱼苗水蚤或鳃足虫。

右图： 给以生长空间和良好饵料，图中上部的满天星鼠幼鱼可在 6~8 个月达到成熟繁殖的尺寸。

原产地

巴西的里约瓜波
雷河流域

理想水质

金翅帝王鼠
鱼喜欢略酸性水
质，你的水族零售
商应当存有能适应
本地水质的品种。

金翅帝王鼠鱼

金翅帝王鼠鱼的柔和色彩与满天星鼠
鱼的斑点之间的不同诠释了鼠鱼品种之间的
纹理差异。金翅帝王鼠鱼的深色躯干和淡色
腹底以及黄色鱼鳍令其更为精致，在其喜欢
的深色沙质底砂的衬托下，这种鱼看上去尤
为漂亮。鼠鱼的品种数量如此众多，是因为
它们分布于注入南美洲亚孙河流域的几乎
所有支流，而且差不多每条支流都有自己的
专属鼠鱼品种：金翅帝王鼠鱼来自玻利维亚
马莫雷河，体长约 5cm。

在水族箱中，金翅帝王鼠鱼若能
与一群满天星鼠鱼喂养在一起，
则会更显风采

小而圆的底砂或沙粒能防
止娇嫩的触须受损

长须双线美鲶

　　长须双线美鲶非常适合已经存有中等尺寸、性情温和鱼类的较大号混养水族箱，它们喜欢充裕的游动空间和开阔的底砂区域来觅食。像有亲缘关系的鼠鱼一样，它通过滤食底砂中的食物为生，因此要保证底砂为细而圆润的颗粒，以免这种鱼在挖刨底砂过深时损伤娇嫩的触须，甚至眼睛。

　　在购买长须双线美鲶时要保证其状态活跃，鱼鳍尤其是尾鳍能充分伸展。鱼儿对恶化或不适宜的水族箱条件的不满表现首先为收紧的鱼鳍，其次是触须的损伤，要避免鱼儿表现出此类症状。

　　长须双线美鲶爱吃大多数微小的饵料，无论是鲜活、冷冻的还是干燥状态的。它们通常喜欢在黄昏或黎明时分觅食，所以在关掉水族箱灯光之前应投放一些药片状饵料。

　　体长：雄鱼和雌鱼均为 9cm 左右。

▶ 理想生存条件

水质：弱酸到弱碱水，略软或略硬水质。

水温：22~26℃。

饵料：小而鲜活或冷冻的水生无脊椎生物，如水蚤、孑孓和红蚯蚓，以及薄片饵料、药片状饵料和沉底颗粒饵料。

水族箱最小蓄养数量：2 尾。

最小水族箱规格：90cm。

活动水域：底部到中部。

▶ 繁殖方式

长须双线美鲶极少繁殖。这种鱼筑造泡沫浮巢，亲鱼中较瘦的雄鱼负责守护鱼卵和鱼苗。

健康的鱼儿展示优良的色彩和鱼鳍

秘鲁境内的亚马
孙河流域

较差的水族箱条件或不适宜的底砂
会令触须磨损或受伤，因而易受细
菌感染

闪光弓背鲶

　　闪光弓背鲶常见于秘鲁、厄瓜多尔和
巴西的河流中，它较长的背鳍一下子就表
明这种甲鲶并非真正的鼠鱼类，尽管两者
血缘关系很接近。弓背鲶可长至 7cm，躯
干更深而结实，头部更宽大，吻部更长，
但两者间并无多大性格差异。弓背鲶可在
完全垂直或水平的表面产下大而黏性的鱼
卵。

上图：弓背鲶在 4~6 尾的群体中更为活跃，
喜欢深水族箱。

斑马鲇

　　不难看出为什么斑马鲇总是供不应求，它是热带观赏鱼中可见的纹理最令人称奇的下口鲇鱼类之一。在自然界中，斑马鲇常见于砾石铺底、阳光照耀的浅水区域，如果从这种背景上方直视，它们很难被发现。斑马鲇是适宜中软水质的理想观赏鱼，它不会像某些下口鲇长得那么大，而且它是优秀的藻类清除者。作为夜间活动生物，斑马鲇白天藏身于沉木或装饰物中，在傍晚冒出来并在夜间觅食水藻。

　　体长：雄鱼和雌鱼均为 8cm 左右。

▶ 理想生存条件

水质：软或中等硬度水质，中性到酸性水。

水温：23~26℃。

饵料：蔬菜材质的沉底饵料，要保证得到应有的份额。

水族箱最小蓄养数量：1 尾。

最小水族箱规格：60cm。

活动水域：底部。

斑马鲇独特的纹理使其赢得另一个常见名——伪装鲇

可购买性

　　价格波动一直是个主要问题，但随着斑马鲇的人工喂养越来越多，人们有望能以合理的价格购买到这种观赏鱼。

原产地

南美洲的辛谷河
流域

繁殖方式

鱼卵成串儿产在洞
穴状区域，雄鱼照
看鱼卵，两尾亲鱼
都守护产卵区。

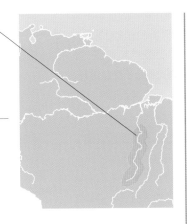

雄鱼胸鳍有棘
刺边缘

平口油鲶

　　鲶鱼银光闪烁的身躯极少见于其他热带观赏鱼，但平口油鲶的这种特征尤其明显，其他特征包括独特的斑纹、长须和行为活跃性。平口油鲶的鳍条有锯齿状突起，容易造成伤害，所以要小心拿放。永远不要尝试用渔网来捉平口油鲶，它们会缠绕其中而无法拿掉；要用袋子或坚固的容器。平口油鲶可以长到15cm，会经常吃下长达5cm的鱼儿，所以不适宜混养水族箱。

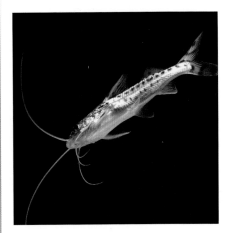

上图：在黑色背景下，平口油鲶银光闪耀的身躯非常醒目，它的触须很长且细。

清道夫鲶

钩鲶的数个鱼种看上去非常相似，在水族箱中它们的行为和需求也大多一样。这些小型鲶鱼有助于清除一度让养鱼者困扰的水藻，不仅如此，如果你不额外投喂它们诸如莴苣叶、西葫芦和豌豆一类的绿色植物，它们还会吃掉多叶兼阔叶水草。清道夫鲶会不停地进食，而我们又无法在水族箱中培植提供充足的藻类，所以要投喂补充饵料。

在白天要提供清道夫鲶庇护区域以及开阔的底砂地带，以便它们在暗夜中啃食水藻。这种鱼喜欢干净、清澈和溶氧充足的水质，如果溶氧量下降，比如在漫长的炎热天气，它们会浮游在溶氧量稍高的水表面。带有回路喷管的外置式过滤器或者额外的气泵空气流通有助于缓解缺氧状况。

体长：雄鱼和雌鱼均为 8cm 左右。

理想生存条件

水质：弱酸到中性水，软到略硬水质。

水温：22~27℃。

饵料：绿色食物加上小的水生无脊椎生物，尤其是冷冻红蚯蚓，也可以投喂薄片和药片状饵料。

水族箱最小蓄养数量：1对雌、雄鱼。

最小水族箱规格：90cm。

活动水域：底部。

雄性清道夫鲶在头部上面和周边长有大而浓密的硬须；而雌鲶只在吻部周围有一排细须

▶ 原产地

南美洲的热带地区

上图：这是清道夫鲶的轻度白化品种。

相容性

清道夫鲶地域观念很强，会与其他底部栖息鱼类争斗，如果你企图群养清道夫鲶，它们之间也会打斗。

▶ 繁殖方式

在水族箱里，清道夫鲶是吸盘鲶中最易产卵的品种，雄性清道夫鲶会在岩石下面或洞穴里守护一窝橙色鱼卵。

上图：在自然界中，清道夫鲶吸附在物体表面以避免被水流冲走。

小精灵鲶

　　这种小型鲶鱼喜欢水草栽植茂盛的水族箱并和性情温和的小型鱼类为伴。像其他甲鲶科鱼类一样，小精灵鲶有着坚实的鳍脊和沿身体分布的三排骨板来保护自身。在处置这种鱼时，注意它可能会缠绕困结在渔网中，不要硬拉，要让它自己摆脱缠绕，或是割开渔网。

　　要记住小精灵鲶主要为草食性鱼类，是水族箱中最棒的除藻鱼种之一。但水族箱很少能提供足够的水藻来满足它的胃口，所以你必须提供充足的绿色食物。最容易的方法是提供冻豌豆或在底砂中"栽种"莴苣叶，让鱼儿在其中觅食，但要及时清除吃剩而快腐烂的豌豆和莴苣叶。

　　如果水质条件开始变差，小精灵鲶会闷闷不乐，对饵料不理不睬并浮游在水表。定期换水并保持过滤系统的效率，能帮助解决这个问题。

　　体长：雄鱼和雌鱼均为 4cm 左右。

▶ 理想生存条件

水质：弱酸到弱碱水，略软到略硬水质。

水温：20~26℃。

饵料：薄片和药片状饵料，水藻和绿色食物。

水族箱最小蓄养数量：2 尾。

最小水族箱规格：45cm。

活动水域：底部到中部。

水藻清除者

　　小精灵鲶是受人们喜爱的水藻清洁夫，有好几个可供购买的品种。它们比起传统的清除水藻鰍科鱼类更适宜展示性水族箱。性格安静的小精灵鲶除了蓝绿藻和刷状藻之外，也清除整个水族箱中的其他所有藻类。

原产地

巴西里约热内卢附近水流湍急的溪水中

繁殖方式

小精灵鲶在水草叶上产卵繁殖，鱼卵最多需要72h孵化，鱼苗需要很精细的鲜活饵料和绿色食物。

这是小精灵鲶典型的休息姿态，这尾幼鱼似乎在用腹鳍抓住水草叶

美梳鲶

　　这是一种在混养水族箱中不造成太多麻烦的小型甲鲶，一天中的大多数时间里它都潜伏在石头或水草之下，但夜晚会环绕水族箱巡弋并仔细搜索它最爱的食物——水藻。不管你如何努力，水族箱也无法生长出足量的水藻来令美梳鲶开心满意，所以要提供莴苣、冻豌豆、西葫芦和土豆一类的替代饵料。尽管以植物为主食，美梳鲶却对水草置之不理，从不刨弄或啃食。人们对这种鱼类的繁殖习性所知甚少。

　　美梳鲶要求干净而且溶氧量适中的水质，对其他伴侣鱼类毫不苛求，因为它总是喜欢独处，但同类之间容易争斗，尤其在水族箱空间不足，不能提供每一尾美梳鲶专有领地的情况下。在规格为60cm×30cm的水族箱中只能喂养一尾美梳鲶，规格为90cm的水族箱中或许能喂养两尾。

皇冠直升机鱼

如果你拥有较大而且非常成熟的水族箱，其中的鱼类也不会啄食鲶科鱼拖曳鱼鳍的话，外观特异的皇冠直升机鱼绝对值得你喂养。这种鱼不适合新构造好的水族箱。

为了保证皇冠直升机鱼的健康，你要特别关注良好水质的保持，水体需过滤充分而且溶氧量高。皇冠直升机鱼觅食绿色食物，也爱吃商业出售的成品饵料，如沉降性饵料、冷冻或鲜活的红蚯蚓和水蚤。没错，即使底部栖息的鱼类也爱吃水蚤，看它们追食水蚤是非常有趣的事。

皇冠直升机鱼适合底砂区域开阔的水族箱，以便它们觅食。这种鱼也会在沉木和水草上面磨蹭，但只要你提供足量的绿色食物，它们对水中植物的破坏甚微。

体长：雄鱼和雌鱼均为25cm左右。

▶ 理想生存条件

水质：弱酸到弱碱水，略软到略硬水质。

水温：22~27℃。

饵料：小而鲜活或冷冻的水生无脊椎生物，如水蚤、孑孓和红蚯蚓，以及薄片饵料、水藻和绿色食物。

水族箱最小蓄养数量：一对雌、雄鱼。

最小水族箱规格：90cm。

活动水域：底部到中部。

▶ 繁殖方式

皇冠直升机鱼会在箱养状态下繁殖，将鱼卵产在水族箱玻璃上面。雄鱼守护并清洁鱼卵。鱼苗需求如纤毛虫（微小的纤毛类生物）那样很精细的饵料。

雄性皇冠直升机鱼在繁殖季节生有侧须，从上面俯视会显得比雌鱼体型瘦长

饰纹管吻鲶

　　饰纹管吻鲶是来自巴西的鞭尾鲶，体长 15cm 左右，为水族箱中的特异品种。这种鱼类世界中的"竹节虫"，在石头、叶片和根部栖息时身形优雅且呈流线型，但游动时有点笨拙，部分原因是它那独特的体型。它的行动也受到保护性甲状鳞片的限制，所以一直无法远距离游动。性情温和的饰纹管吻鲶在底部水域栖息，喜欢内部有一些隐藏地的水族箱，以便躲避更凶猛些的鱼类。

▶ **原产地**
中美洲的巴拿马地区

左图：皇冠直升机鱼生有延伸至尾鳍的鞭型长尾，通过向侧面和前方弯曲尾鳍而利用鞭尾探知食物。

右图：饰纹管吻鲶的吻部周边有小却结实的吸盘。雄鱼用它们的长鼻部来归拢新孵化出的鱼苗。

反游猫鱼

　　反游猫鱼因其奇特的游动方式总是成为人们热议的话题。在自然界中，反游猫鱼常见于漂浮的原木和植物下方，并在其中倒游。它以落在水表面的昆虫为食，也吃像孑孓一类的猎物。反游猫鱼的体色与其生活方式相适应：鱼腹部为深棕色，过往的掠食者，如鸟类，在水中无法轻易看到它；背部的棕色则浅得多，被水中它身下的掠食者看到时，它就混在原木和水草丛中。反游猫鱼在黎明和黄昏时刻最为活跃，也会在几乎任何时间被食物引诱出来。它会从水表觅食薄片饵料，而不愿正方向游动在底砂中摄取丸状或药片状饵料！这种性情温和的鱼类在混养水族箱中生活得相当惬意。

　　体长：雄鱼 7.5cm 左右，雌鱼 10cm 左右。

▶ 理想生存条件

水质：弱酸到弱碱水，略软到略硬水质。

水温：22~26℃。

饵料：小而鲜活或冷冻的水生无脊椎生物，如水蚤、孑孓和红蚯蚓，以及薄片饵料。

水族箱最小蓄养数量：6 尾。

最小水族箱规格：60cm。

活动水域：中部到上部。

在水族箱中，反游猫鱼在长至水表面的水草和能提供隐身的拱曲沉木中会感到安全

分叉的触须提供反游猫鱼较大的感应区域，方便觅食

健康监测

　　如果水质有问题，触须会开始腐烂。万一发生烂须，一定要换水并检查过滤系统是否工作正常。

反游猫鱼直到完全成熟才容易区分性别，雌鱼比雄鱼体型丰满而且体色较淡

原产地

中非的扎伊尔盆地

温度设定为 26℃

水兰

小椒草

繁殖方式

反游猫鱼一直为箱养繁殖，雄鱼比起雌鱼要瘦小。能令反游猫鱼进入繁殖状态的最佳天然饵料是孑孓了。鱼卵被产在底砂中的洼地，雌、雄亲鱼都会呵护鱼卵和鱼苗。

繁殖过程

将一对亲鱼独立安置在水草丰盛、长为45cm 的水族箱内，使用充裕的鲜活饵料来调养雌、雄亲鱼。反游猫鱼是季节性产卵鱼类，所以可能要等上好几个月才会产卵。

一旦在新居中安顿下来，这对亲鱼会选出一个特定洞穴作为家园。进入产卵状态后，亲鱼会在底砂中刨出一个坑并把鱼卵产在其中。因为卵坑通常是夜间在悬垂物之下挖出的，所以你可能不会马上意识到鱼卵已经产下了。雌、雄亲鱼都会呵护鱼卵巢穴和新孵化出的鱼苗。

水族箱规格为
60cm × 30cm × 30cm

软而弱酸性水质
（pH 值为 6.5）

将岩石和泥炭木摆放成洞穴结构

沙质底砂

玻璃鲶

玻璃鲶常是人们最不愿养的混养水族箱鱼种，因为它们被误认为是无趣的食腐鱼类，该看法其实是非常荒谬的。这种中部水域群游鱼类在昼间活跃，与脂鲤科和鲤科热带观赏鱼觅食方式相同。玻璃鲶有着额外的魅力，你可以看穿它们的身体。鱼身前方的银色囊部容纳着精致的器官，而透明的身躯令你很容易看到它的脊骨和鳍脊，甚至看到它们身后的水草！

尽管玻璃鲶外形奇特，但它们并不难喂养。要记得保证水质并提供通过水族箱的适宜水流（玻璃鲶喜欢在其中游动）。1个水族箱最少喂养4尾玻璃鲶，单尾鱼儿会感到没有安全感，常躲藏起来拒绝进食，以致死亡。在休息时玻璃鲶鱼尾朝下，身体呈一定角度悬浮，而游动时则身体保持水平。

体长：雄鱼和雌鱼均为13cm左右。

▶ 理想生存条件

水质：弱酸到弱碱水，略软到略硬水质。

水温：21~26℃。

饵料：小而鲜活或冷冻的水生无脊椎生物，如水蚤、孑孓和红蚯蚓，以及薄片饵料。

水族箱最小蓄养数量：4尾。

最小水族箱规格：60cm。

活动水域：中部到上部。

游动时，玻璃鲶身体保持水平

鱼鳔

　　在大多数有骨鱼类中，鱼鳔作用为流体静压器官或浮囊，使鱼儿能够停留在水的任何深度，而不会在水体中上浮或下沉。为了达到这种状态，鱼儿的密度和周边水体的密度必须相同。在淡水鱼类中，为达到此目的，鱼鳔（在下图所示的银色囊部内）需要占据7%~8% 的身体容积。

▶ **原产地**

泰国、马来西亚和印度尼西亚

相容性

　　将这种性情温和的鱼儿与体长 4cm 或更长的其他水族箱鱼类放养在一起，体型较大的玻璃鲶会吞吃鱼苗，甚至小的霓虹灯鱼。

大多数淡水鱼类的鱼鳔有通向肠道的开放性导管

▶ **繁殖方式**

玻璃鲶的繁殖习性鲜为人知，尽管偶尔有过繁殖报告，其中人们只来得及看到刚刚孵化出的幼苗。鱼苗先被喂食纤毛虫，然后吃水蚤。

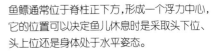

鱼鳔通常位于脊柱正下方，形成一个浮力中心，它的位置可以决定鱼儿休息时是采取头下位、头上位还是身体处于水平姿态。

链条鳅

　　链条鳅是性情温和、昼间出没的活跃鱼种，一定要群养链条鳅，以便它们彼此交流。尽管主要为底部栖息鱼类，你也常能看见它们在阔叶水草（如皇冠草）叶片上休息。要给链条鳅提供细质的底砂，这样它们就能在其中挖掘寻觅食物屑，而不会给水族箱装饰造成可见的破坏！要等待水质成熟（3~6个月的时间）再往水族箱中投放链条鳅，因为这种鱼被放入新构建的水系中时会不适应而患病。为保证其健康，务必记住定期换水。

　　体长：雄鱼和雌鱼均为5cm左右。

▶ **理想生存条件**

水质：中性到弱酸水，略硬水质。

水温：25~28℃。

饵料：小而鲜活或冷冻的水生无脊椎生物，如水蚤、孑孓和红蚯蚓，以及沉到水底的药片状和薄片饵料。

水族箱最小蓄养数量：6尾。

最小水族箱规格：60cm。

活动水域：底部到中部。

伊洛瓦底沙鳅

来自印度的伊洛瓦底沙鳅在远东地区的渔场被广泛箱养，但极少在水族箱中产卵繁殖，成熟品种体长 6.5cm 左右。

伊洛瓦底沙鳅

突吻沙鳅

▶ 原产地

泰国和马来西亚北部地区

▶ 繁殖方式

雌、雄沙鳅之间并无明显性别差异，有关繁殖信息也未见有记载。

左图：沙鳅在眼部（脊柱裂）下方有一条小脊柱，可作为防御而随意竖立或弯下。使用脊柱时，沙鳅有时会发出一种可听得到的咯嚓声。

突吻沙鳅

突吻沙鳅来自印度和缅甸，有点好斗，也称作梯鳅。雌鳅体型稍大，亮斑纹更少。这种沙鳅一直都未在水族箱中成功繁殖。尽管与鲃鱼、斑马鱼同属一类生物，突吻沙鳅经过进化栖息在喜欢的水域底部。

177

苦力泥鳅

苦力泥鳅在夜间更为活跃，昼间则隐藏在水草根部和角落里，在临近夜晚当日光黯淡下去的时候出来觅食。如果你在水族箱中能提供阴暗区域（如使用阔叶水草），苦力泥鳅会有安全感并愿意现身觅食。

这种身体瘦长的鱼类很善于跑到底砂过滤板下面和外置式过滤器的进水管上方，你对此几乎束手无策，而它们进出自由随意。要保证用一只篮子扣在过滤器进水管上，而且换水时务必在丢弃沉积残余物之前查看过滤罐底部！

要使用细底砂，因为苦力泥鳅喜欢钻到底砂之下，粗砾石会损伤它们的身体。这种鱼儿埋身底砂的习性很恼人，捕捉它们颇是一种挑战。

体长：雄鱼和雌鱼均为 12cm 左右。

▶ 理想生存条件

水质：弱酸和略硬的水质。

水温：24~28℃。

饵料：小而鲜活或冷冻的水生无脊椎生物，如水蚤、孑孓和红蚯蚓，以及沉到水底的药片状和薄片饵料。

水族箱最小蓄养数量：1尾（2尾更佳）。

最小水族箱规格：60cm。

活动水域：底部。

▶ 繁殖方式

苦力泥鳅在箱养状态下繁殖。它们产下亮绿色的鱼卵，鱼卵会黏附在漂浮水草的叶子、茎秆和根部。

在捕捉苦力泥鳅时，试着使用两只渔网：一只紧贴底砂和水族箱侧壁；另一只轻柔引导鱼儿

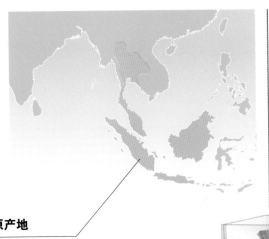

原产地

东南亚：马来西亚、
新加坡、苏门答腊、
爪哇和婆罗洲

繁殖过程

因为苦力泥鳅喜欢在水表产卵，要在水族箱水表区域栽种茂密的覆盖植被。可利用水表面之下根系发达的植物，如水浮莲；不要栽种像浮萍一类的水草。

水浮莲

水族箱规格为
60cm×30cm×30cm

温度设定为
24~27℃

软而酸性的水质
（pH值为6.0~6.5）

栽种充裕的水草，放置足够的管道和洞穴，以便成年苦力泥鳅隐身其中

性别差异

在繁殖季节，雌鳅体内盛满鱼卵，除此之外几乎无法辨别苦力泥鳅的雌雄。

三间鼠鱼

很容易看出为什么三间鼠鱼是养鱼爱好者的喜爱品种，尽管许多人没有意识到这种鱼能长得个头很大。应当提供它们开阔的游动空间和充足的藏身地；它们喜欢开放孔洞，所以洞穴或一节竹子是理想之物。三间鼠鱼的一个显著特征是它们喜欢侧卧或其他奇特的卧姿，第一次遇到这种不寻常的行为时，也许你会认为鱼儿病了，其实它们身体正常得很。尽管三间鼠鱼表面看上去健康壮实，但事实上它们很娇嫩，只有在成熟稳定的水族箱中才会生存良好。和很多鳅科鱼类一样，三间鼠鱼对许多水族箱用药物很敏感，所以在使用任何药物之前要仔细查看标签。多元化饵料对保持三间鼠鱼的健康和体色很重要，在三尾或更多群养时鱼儿的状态最佳。

体长：雄鱼和雌鱼均为30cm 左右。

理想生存条件

水质：酸性到中度碱性水，软到中等硬度的水质。

水温：25~30℃。

饵料：沉水的圆薄片饵料，还要定期投喂冷冻饵料，如红蚯蚓和鳃足虫。

水族箱最小蓄养数量：3 尾。

最小水族箱规格：120cm。

活动水域：底部。

三间鼠鱼光滑无鳞的皮肤令其外观漂亮，但使它更容易感染皮肤寄生虫

莫尔沙鳅

　　莫尔沙鳅可长至体长 10cm，因其显著的背部条纹而得名。你要小心选择适合它的伴侣鱼。莫尔沙鳅是中等规格的混养水族箱中良好的鱼种，任何胆小或游动缓慢的小型鱼种都会受到莫尔沙鳅的骚扰，较大体型的脂鲤鱼、鲃鱼和鲶鱼是良好的选择。莫尔沙鳅喜欢埋身底砂之中，所以提供它沙质的细底砂，水质应当软而酸性。

▶ 原产地

苏门答腊、婆罗洲
的水域

▶ 繁殖方式

在家庭水族箱中三间鼠鱼几乎不可能繁殖。
在自然界中，作为对环境刺激的反应，这种
鱼类一年只繁殖一次，于雨季开端在湍急的
水域中产卵繁殖。

莫尔沙鳅也被称作赫拉沙鳅，
这种鱼昼伏夜出

黄金火焰鳉

色彩艳丽的黄金火焰鳉可以同水族箱条件要求相似的小型而且性情温和的鱼种喂养在一起，不过，最好不要将黄金火焰鳉同其他鳉科鱼种混养在一起，因为所有鳉科鱼种的雌鱼都太过相似；如果你打算繁殖黄金火焰鳉，会很容易与其他鱼种搞混淆，同时鳉科鱼种之间也可能发生杂交现象。在水族箱中栽种细叶水草和一两株漂浮水草来提供黄金火焰鳉充足的遮蔽区。

过滤系统应当能够提供很轻柔的水流运动。黄金火焰鳉无法忍受较差的水质，所以不要过多投放饵料。因为未被吃掉的饵料会很快污染整个水族箱。

色彩绚丽的雄性黄金火焰鳉很受人欢迎，但这种鱼通常成对出售，有时还三尾一组售卖。雄鱼会不停地向雌鱼炫耀展示自己。尽管黄金火焰鳉寿命短的说法很盛行，这种鱼其实也能存活长达3年之久。

体长：雄鱼和雌鱼均为9cm左右。

▶ 理想生存条件

水质：弱酸性软水质。

水温：21~24℃。

饵料：黄金火焰鳉喜欢小而鲜活的饵料，但会很快适应冷冻饵料，也要供应薄片饵料。

水族箱最小蓄养数量：一对雌、雄鱼或三尾（一雄二雌）。

最小水族箱规格：45cm。

活动水域：底部到中部。

▶ 繁殖方式

黄金火焰鳉将鱼卵产在水草上，呈一线排列悬浮，也可以促使其在水族箱中的集卵拖布上产卵。雌鱼每天可产10~20枚卵，你可以将集满鱼卵的繁殖拖布放入单独的孵化箱，在原来水族箱中再放置一块新的集卵拖布。

除非谨慎选择伴侣鱼，否则黄金火焰鳉的鱼鳍伸展部分会很快被其他鱼类咬啮掉

原产地

加蓬的西南部和刚果的东北部

安全第一

一定要使用玻璃箱盖，鳉鱼会跳出水面。

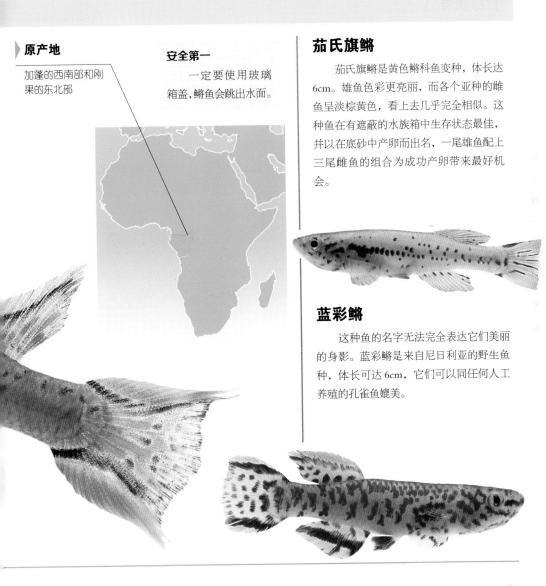

茄氏旗鳉

茄氏旗鳉是黄色鳉科鱼变种，体长达6cm。雄鱼色彩更亮丽，而各个亚种的雌鱼呈淡棕黄色，看上去几乎完全相似。这种鱼在有遮蔽的水族箱中生存状态最佳，并以在底砂中产卵而出名，一尾雄鱼配上三尾雌鱼的组合为成功产卵带来最好机会。

蓝彩鳉

这种鱼的名字无法完全表达它们美丽的身影。蓝彩鳉是来自尼日利亚的野生鱼种，体长可达6cm，它们可以同任何人工养殖的孔雀鱼媲美。

美国旗鱼

这种"体态丰满"的鱼儿在市场上并不总有出售，但却是一种很有趣味的热带淡水观赏鱼。雌性美国旗鱼身体更饱满，在背鳍后部有一处黑斑，而雄鱼体型较瘦长，但身体上的纹理更醒目。美国旗鱼是小型不加热水族箱或冷水水族箱的优选品种，它游动活跃，耐活性强，是适宜所有水平层次的养鱼爱好者的理想鱼种。要为这种食草性鱼类提供充足的植物性饵料。

相容性

美国旗鱼对其他水族箱伴侣鱼类很温和，但同类品种之间争斗凶悍。为了控制它的攻击性，最好的方法是要么单养 1 尾，要么 6 尾或更多为一组喂养，以均衡其好斗性。

雄鱼比雌鱼色彩更为艳丽

体长：雄鱼和雌鱼均为 6cm 左右。

雌鱼在背鳍后部有一处黑斑

这种鱼隐藏着随时会突发的坏脾气。

原产地

佛罗里达州,特别是圣约翰斯河流域的植被丰盛、水流舒缓的水域

理想生存条件

水质:美国旗鱼对水质不苛求,可在微咸的水中喂养。

水温:18~22℃。

饵料:薄片饵料,干燥、鲜活或冷冻食物,还吃水藻。

水族箱最小蓄养数量:1或6尾。

最小水族箱规格:45cm。

活动水域:主要在中部到上部水域。

繁殖方式

很多养鱼爱好者惊讶地得知一些鲲鱼品种还会呵护鱼卵和幼鱼,其实美国旗鱼便是其中之一。这种鱼在繁茂水草里较温暖的水中产卵繁殖,雄鱼刨出一处坑洼地,雌鱼在其中产下鱼卵。在一周或更长时间内雌性成鱼能产下最多70枚卵,通常雄鱼保护鱼卵(以免被雌鱼和其他鱼儿吞吃),直到鱼卵孵化并且幼鱼能够自由游动的时候为止。

水温 18~22℃

水族箱规格为 30cm×20cm×20cm

pH 值为 6.5~7,中性到酸性的软水质

吸水的泥炭土底砂作为产卵介质

半身黄彩虹鱼

作为较大体型的彩虹鱼品种之一，半身黄彩虹鱼性情活泼，需要大型水族箱以提供其游弋的充足开阔水域。尽管它喜欢清洁干净的水质，但无须太强的水体流动，过滤器提供的轻柔水流就能满足它。

在购买半身黄彩虹鱼时，要保证雌雄兼备。这种鱼在成年状态下容易分辨性别，雄鱼有着美丽的蓝和黄色调。最好购买鱼苗，以便日后它们自己配对。要记住，这种鱼在水族箱中繁殖数代时，色彩强度会逐代减淡，可以投喂大量的鲜活或冷冻饵料，如红蚯蚓，以帮助保持鱼儿的亮丽色彩。

体长：雄鱼 10cm 左右，雌鱼 8cm 左右。

相容性

半身黄彩虹鱼与体型和性情相似的其他鱼类相处时很是惬意，特别是如果那些鱼不是群游性鱼类，因而在水族箱中只占据固定游弋空间的情况下，尤为如此。

这些是幼鱼，但在成熟时，雄鱼会变得躯干颜色更深，头部也更尖

▶ **理想生存条件**

水质：弱酸、软到略硬的水质。

水温：24~30℃。

饵料：小而鲜活或冷冻的水生无脊椎动物，如水蚤、孑孓和红蚯蚓，以及薄片饵料。

水族箱最小蓄养数量：4 尾。

最小水族箱规格：90cm。

活动水域：中部。

燕子美人鱼

  燕子美人鱼的名称来自它们那独一无二的鱼鳍。雄鱼的背鳍有两个独特的形状：前部为圆叶状，而后部为线状椎体，后部背鳍和延伸的臀鳍相互映衬。背鳍和臀鳍都为深黑色，而且延伸越过红色鳍边的尾鳍。这些延伸性鱼鳍在雌鱼身上看不到。作为最小体型的彩虹鱼之一，燕子美人鱼适合任何规格的展示性水族箱，它们活动于中部和上部水域，需要稠密的水草掩护。不要将燕子美人鱼和泰国斗鱼与凶猛的魮鱼混养在一起，后两类鱼会咬啮雄性燕子美人鱼的长鳍。燕子美人鱼成鱼最大体长为 5cm。

在炫耀展示的时候，这些雄性幼鱼会把长长的背鳍伸展得像一面旗帜

注意

  务必在水族箱上使用玻璃箱盖，这种鱼有时会跳跃出水面。

为了保持身体的美丽色彩，多投喂鲜活的饵料

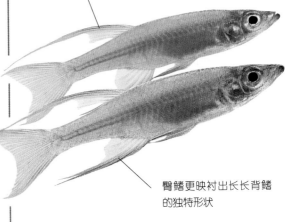

臀鳍更映衬出长长背鳍的独特形状

新几内亚彩虹鱼

新几内亚彩虹鱼是色彩惊艳的彩虹鱼科的主流品种，雄鱼颜色鲜红，鳍身高，而雌鱼为鱼雷体形，鳞片为橄榄银色。如许多彩虹鱼类一样，新几内亚彩虹鱼性情温和，活泼好动，容易喂养和繁殖。因其活跃性，这种鱼要求游动空间充裕，水族箱伴侣鱼类体型应相近。因为彩虹鱼直到一定的尺寸和成熟度才会生长出美丽的色彩，所以幼鱼在水族店里常被人们忽视，但假以时日，彩虹鱼总是能够抓住人们的眼球。

体长：雄鱼和雌鱼均为 15cm 左右。

▶ 理想生存条件

水质：中性到碱性、中度到硬的水质。

水温：22~24℃。

饵料：鲜活、冷冻或干燥饵料。

水族箱最小蓄养数量：3 尾。

最小水族箱规格：90cm。

活动水域：中部和上部。

▶ 繁殖方式

在略高的水温条件下，新几内亚彩虹鱼在集卵拖布上或稠密的水草上（如爪哇莫丝）产下鱼卵。新几内亚彩虹鱼所产的鱼卵相对自身的体型显得挺小，一周后鱼苗孵化出来，鱼苗能够自由游动，投喂鱼苗的初始饵料应为纤毛虫。

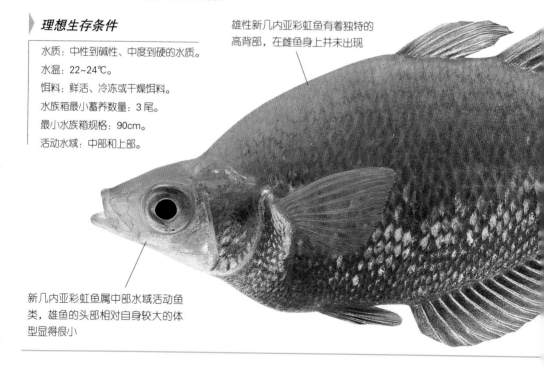

雄性新几内亚彩虹鱼有着独特的高背部，在雌鱼身上并未出现

新几内亚彩虹鱼属中部水域活动鱼类，雄鱼的头部相对自身较大的体型显得很小

原产地

新几内亚

彩虹鱼典型的双背
鳍特征清晰地反映
在新几内亚彩虹鱼
身上

红尾美人鱼

　　这一色彩生动的彩虹鱼科成员在较大的水族箱中与4~5尾同类鱼共处时状态最佳。像大多数彩虹鱼一样，红尾美人鱼喜欢充足的开阔游弋空间，但在其他方面并不苛求。要投喂这种鱼优质的薄片或颗粒饵料。红尾美人幼鱼呈现朴素的银色，要经过长达一年的时间才能成长为完美的色彩，不过你的等待是值得的。红尾美人鱼的红蓝色侧腹与其他彩虹鱼形成鲜明的对比。雄鱼会长至体长10cm，而雌鱼为8cm。

这尾雄性红尾美人鱼正在显现
出色彩和纹理的初步特征迹象，
且会随着生长成熟而得到强化

鱼卵大小

　　大多数彩虹鱼归属两大类别：生产鱼卵数量大但体积较小的彩虹鱼和生产鱼卵数量小但体积较大的彩虹鱼。彩虹鱼的自身大小与所产鱼卵的大小几乎没有什么关系。

电光美人鱼

　　这种小彩虹鱼是令人乐于喂养的品种，如果你能避免极端的硬度和 pH 值情况，它对水质并不苛求。电光美人鱼属群集性鱼类，性情温和，在水族箱中最少要喂养 6 尾。但若你想看到它们的最佳状态，需要提供一只游动空间充沛、水草茂盛的水族箱，蓄养数量为 10 尾或更多。在自然界，电光美人鱼常见于溪流中，在水族箱中喜欢享受温柔的水流。要保证过滤系统的效率，并记住定时换水。

　　成年电光美人鱼通体亮蓝色，与红色鱼鳍形成鲜明对比。为了维护它们美丽的色彩，要充分投喂鲜活或冷冻饵料，比如孑孓和红蚯蚓。

　　体长：雄鱼和雌鱼均为 15cm 左右。

▶ 理想生存条件

水质：弱酸性、略软到略硬的水质。

水温：24~27℃。

饵料：小而鲜活或冷冻的水生无脊椎生物，如水蚤、孑孓和红蚯蚓，以及薄片饵料。

水族箱最小蓄养数量：6 尾。

最小水族箱规格：60cm。

活动水域：中部。

这尾美丽的雄鱼会成为理想的繁殖种鱼

原产地

新几内亚岛巴布亚北部的曼伯拉莫河

养育幼鱼

在能够消化新孵化的鳃足虫和微虫之前，电光美人幼鱼需要在一周内吃纤毛虫和极细的鱼苗饵料粉末。然而微虫对彩虹鱼来说不是特别好的饵料，因为这种食物会落到水族箱底部，而大多数彩虹鱼停留在很靠近水表面的区域。

孵化箱构造

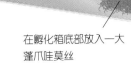

水族箱规格为 60cm×30cm×30cm

放入一只泡沫海绵过滤器

pH 值为 7.5 的略硬水质，水温 24~27℃

在孵化箱底部放入一大蓬爪哇莫丝

繁殖方式

营养充足的成年亲鱼会在爪哇莫丝水草上产下大量的鱼卵。如果成年亲鱼能保持营养充分，你可以将鱼卵和鱼苗放置在同一水族箱中。然而，如果在水族箱中养有其他鱼种，要将鱼卵移走，因为刚孵化的鱼苗会很快被吃光。幼鱼直到体长大约 2.5cm 才会开始生长蓝色体彩。

性别差异

很容易在幼鱼期区分电光美人鱼的性别，因为雄鱼生长出很深阔的体型，而其他彩虹鱼通常直到成熟期才显现。

荷兰凤凰鱼

荷兰凤凰鱼总是以其珠宝般璀璨的斑纹、亮丽的色彩和奇特的行为而吸引养鱼爱好者的眼球。不幸的是，过于集中的繁殖导致大批量生存力较弱的鱼儿被出售，选择健康的荷兰凤凰鱼并不是一件容易的事。如果你不能购买到野生荷兰凤凰鱼，就挑选一对雌、雄鱼并让零售商将其放养在独立水族箱，过后在你满意鱼儿的状态时再买走。荷兰凤凰鱼奇特的行为令其在寻常的水族箱鱼类中显得与众不同。要为这种鱼提供软质水，要在洞穴、根系和水草中有充足的隐蔽地。现今出售的荷兰凤凰鱼有金色和长鳍品种。

体长：雄鱼和雌鱼均为6cm左右。

▶ 理想生存条件

水质：酸性到中性、软的水质。

水温：24~28℃。

饵料：鲜活、冷冻或干燥的较小饵料。

水族箱最小蓄养数量：2尾。

最小水族箱规格：60cm。

活动水域：中部到上部。

▶ 繁殖方式

如果成鱼得到充分的鲜活饵料，大多数亲鱼在被放入繁殖箱一个月之内会产出鱼卵。在交尾期间，雌、雄亲鱼都充分伸展鱼鳍并呈现出加重的色彩。鱼卵需 3d 时间孵化，鱼苗直到第 7 天才能自由游动。

雌鱼体型较小，鱼腹为红色

成熟雄鱼因为背鳍的鳍条高而显得体型略大

▶ 原产地

委内瑞拉和哥伦比亚的奥里诺科河

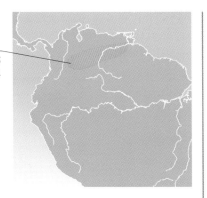

选择繁殖种鱼

在水族店选购有潜质的繁殖种鱼时，要查看所有的鱼种并观察它们的活动情况。已经配对成功的种鱼会彼此缠绵，甚至划出自己的领地。

当雌、雄亲鱼准备产卵时，通常会选择并清理一块平坦的石头，然后雌鱼在其上一连产下约 200 枚鱼卵。有些对亲鱼喜欢藏身于洞穴中产卵。一旦发现一对雌、雄鱼在繁殖箱中配对成功，要将其他鱼儿移到另外的水族箱。

相容性

荷兰凤凰鱼性情温和，但在繁殖期会防卫自己的小地盘。

养育幼鱼

同大多数慈鲷科鱼类幼鱼相比，荷兰凤凰幼鱼体型较小，但大多幼鱼能把微虫当作最初饵料，在 3d 后会吃下新孵化的鳃足虫。在几周后，幼鱼会脱离亲鱼并准备独立生活。

水族箱规格为 60cm×30cm×30cm

pH 值为 6.5 的略酸性软质水，水温 24~28℃

使用外置过滤器，将进水管和回水管埋设在水族箱背面

在水族箱后部和侧面栽种充足的水草

数处岩石结构区域

匙孔罗非鱼

匙孔罗非鱼是活泼而性情温柔的小型鱼种，非常适应混养水族箱，它们精致的色彩在水族箱中与其他鱼种更为艳丽的颜色形成鲜明的对比。匙孔罗非鱼在开心时两侧鱼腹上的"钥匙孔"斑点呈现鲜艳的黑色，而承受压力的鱼儿整个鱼腹颜色褪变成淡褐色。匙孔罗非鱼两侧鱼腹各有一条黑线贯穿眼睛并直至鳃盖边缘。

匙孔罗非鱼爱刨弄的习惯只限于繁殖季节，即使那个时候它们也几乎不造成什么破坏，亦不会损伤水草根系。这种鱼在成对喂养时生长最为茁壮，而且亲鱼会照顾幼鱼数月之久才让它们独立保护自己。要为匙孔罗非鱼提供水草掩映的区域，以便它们在感受威胁时能藏匿自己。

体长：雄鱼和雌鱼均为 10cm 左右。

▶ 繁殖方式

匙孔罗非亲鱼会建立自己的领地并组成家庭，雌、雄鱼都会呵护幼鱼。在准备产卵时，可以凭借颜色更深而圆胖的身躯来辨别雌鱼。幼鱼不好区分性别，所以要购买 3~5 尾来增加配对概率。一对雌、雄亲鱼可产下多达300 尾幼鱼，但不要期望全部喂养。有些幼鱼会成为水族箱中其他鱼类的食物，但相当一部分会存活，因此你可能需要再构建一只水族箱来喂养它们。

▶ 理想生存条件

水质：弱酸到弱碱、略硬的水质。

水温：22~25℃。

饵料：小而鲜活或冷冻的水生无脊椎生物，如水蚤、孑孓和红蚯蚓，以及薄片饵料。

水族箱最小蓄养数量：一对雌、雄鱼。

最小水族箱规格：60cm。

活动水域：底部到中部。

成年雄鱼比雌鱼颜色更艳丽，身体更瘦长，背鳍和臀鳍延伸成尖状

原产地

委内瑞拉南部和圭亚那的舒缓河流与溪流中

匙孔罗非鱼被商业性繁殖很多代了

野生鱼种大小

在自然界中，野生匙孔罗非鱼比箱养品种个头要大得多，但野外捕获的鱼儿并不常有，市场上供不应求并被索以高价。

黄金短鲷

这种小型慈鲷科鱼类身形优雅，飘逸的鱼鳍常常显得比鱼身还宽大！它们的身躯呈现深蓝和金色，是非常漂亮的展示鱼种。黄金短鲷雄鱼的背鳍和臀鳍的末端呈尖状，身体只及雌鱼一半大。这种南美慈鲷科鱼类喜欢在水族箱上层的水草叶中逗留，所以在水族箱中要栽种高一些的水草品种。黄金短鲷最大的成鱼体长：雄鱼 8cm，而雌鱼为 4~5cm。

这尾黄金短鲷雄鱼在水族箱中骄傲地展示它的魅力

斑马神仙鱼

斑马神仙鱼体态高雅，为众多水族爱好者所钟爱。大多数供出售的神仙鱼是箱养繁殖的结果，多表现出近亲繁殖的不利特征，如色彩较差和个头生长太太。最显著的特征是一部分神仙鱼表现出和它们亲鱼一样的无能性，即根本不知道该怎样呵护鱼卵和鱼苗。人们认为，出现这种现象的主要原因是繁殖者为了寻求更多的繁殖数量，而将鱼卵与亲鱼分离进而单独孵化和喂养鱼苗所造成的。

斑马神仙鱼的性别不易区分，唯一可靠的方法是观察从肛门延伸出的短交尾器，雄鱼的为尖状，而雌鱼的为圆状。购买鱼苗并在栽有水草的水族箱中喂养，在箱体中部提供开阔水域，在侧面和后部栽种如皇冠草和成簇水兰一类的阔叶水草。如果乐意，你还可以在水族箱中部添加一些低矮水草。

体长：雄鱼和雌鱼均为 15cm 左右。

野外捕获的斑马神仙鱼

大理石色品种

锦鲤色品种

神仙鱼色彩种类颇为多样，那些长鳍鱼种要求较高的水温和优良的水质，会很难喂养。

196

▶ 原产地

中部亚马孙河流
域在秘鲁和厄瓜
多尔境内的河流
与支流

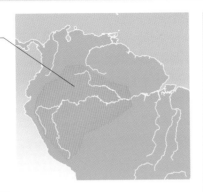

▶ 理想生存条件

水质：弱酸到中性、略软到略硬的水质。

水温：24~28℃。

饵料：神仙鱼很贪吃，喜欢过量进食小而鲜活
的、冷冻的和薄片状饵料，这可能导致它们过
早的夭折，所以不要投喂过量。

水族箱最小蓄养数量：3~4 尾。

最小水族箱规格：90cm。

活动水域：中部。

相容性

神仙鱼幼鱼性情温和，但在交配繁殖期会具有领地
性，对其他神仙鱼表现出攻击性。此时最好将其他神仙
鱼移出，让配对成功的鱼儿单独生活在水族箱中。尽管
神仙鱼会攻击其他鱼类，但通常不会造成实际的身体伤
害。勿将神仙鱼与很小的其他鱼类如霓虹灯鱼喂养在一
起，以免小鱼被吞吃。

埃及神仙鱼

　　这种来自南美洲北部奥里诺科河的神
仙鱼种身体的宽度远大于长度，成鱼可达
30~38cm 宽，15cm 长。埃及神仙鱼比普通
神仙鱼有着从头部到下颌轮廓更为陡峭的
坡度，带有斑纹的侧腹将其隐秘地融入被
森林中斑驳日光映照的水底朽木之中。比
起斑马神仙鱼，埃及神仙鱼需要更大的水
族箱和更高的水温。这种稀有的鱼类备受
人们珍爱，如果你能令其在酸性软质水
中产卵繁殖，那么你算是个大赢家。

群养的埃及神仙鱼看
上去姿态动人

深腹的埃及神仙鱼有
着比普通神仙鱼更生
动的斑纹

凤尾短鲷

　　凤尾短鲷有多种色彩系列，常生有浓重色彩的斑纹。雄鱼因其长长的鱼鳍，配以红色、橙色和黄色的斑纹（凤尾短鲷的得名由来），显得比雌鱼体型要大得多。体型较小的雌鱼的展示性丝毫不输于雄鱼，通体亮黄，沿两腹均有一条墨黑线。尽管体型小，雌鱼在水族箱中游弋时却比雄鱼更大胆。凤尾短鲷有领地性，但在大型水族箱中若给以充裕空间，它们会成为混养群体中的受欢迎者。为获得健康和最佳色彩，你要为这种鱼提供深色的沙质底砂，配以洞穴构造装饰如泥炭木和岩石，再加上几簇水草。凤尾短鲷适宜成对喂养，或1尾雄鱼配数尾雌鱼更佳。要避免将凤尾短鲷与其他慈鲷鱼类喂养在一起，除非同处在大型水族箱中。

　　体长：雄鱼和雌鱼均为5cm左右。

▶ 繁殖方式

雌鱼会挑选并清洁一处洞穴，在其中严密守护鱼卵和幼鱼。

雄性凤尾短鲷的浓重色彩令其与自然界中的同类之间差异很大，但却使它们成为水族箱鱼类中的宠儿

体型较小的雌鱼虽不及雄鱼色彩华丽，也很具有吸引力

▶ 理想生存条件

水质：酸性到弱碱、软到中等硬度的水质。
水温：22~26℃。
饵料：小而鲜活或冷冻的饵料，干燥饵料。
水族箱最小蓄养数量：2尾。
最小水族箱规格：60cm。
活动水域：底部和中部。

七彩短鲷

　　这种体态优雅的小型亚马孙慈鲷用色彩来弥补体型的短小，它们鱼鳍的色彩变化极其多端。在图中这例七彩短鲷身上，红焰焰的背鳍、臀鳍和尾鳍与深蓝色的鱼腹形成鲜明的对比，深蓝色调还蔓延至头部两侧的大理石斑纹上，令这种鱼成为活生生的宝石。雄性七彩短鲷通常比雌鱼体型要大，尾部也更尖些。因为很容易区分性别，这种鱼常常成对出售。但是如果你要繁殖七彩短鲷，需要一尾雄鱼配上数尾雌鱼。因为体型小（8cm），七彩短鲷喜欢稠密水草和根状泥炭木在水族箱中提供的遮蔽处。

维吉塔短鲷

　　尽管不像其他一些短鲷鱼种那么常见，但维吉塔短鲷肯定值得一看。在这种南美小型短鲷身上，雄鱼身上的亮黄色令人惊诧，在7.5cm体长时，它比雌鱼（3~4cm体长）体型要大得多，长长鱼鳍配以沿背部和腹部分布的黑色斑点。维吉塔短鲷会在你的水族箱中占据一处洞穴并产卵，在水族箱中其他成员过于接近鱼卵或鱼苗时它们会奋力保护洞穴。

七彩短鲷比凤尾短鲷显得更为"纯色"

雄性维吉塔短鲷呈现浓重的色彩

红肚凤凰鱼

　　惹人眼球的红肚凤凰鱼是养鱼新手的绝好选择之一。野外捕获的这种鱼类极少被进口（价格异常昂贵），所以商业性喂养和出售的红肚凤凰鱼已经适应了普通混养水族箱中的生活。在购买红肚凤凰鱼时只要细心观察一段时间，你就能够区分雌、雄鱼；如果足够幸运的话，你甚至能买到已经交配成功的一对鱼儿。

　　红肚凤凰鱼在水草丰盛的混养水族箱中会感到很惬意，如果你能提供一些可用作产卵的洞穴，情况更是如此。大多数时候，红肚凤凰鱼表现为性情温和，尽管会在底砂中挖掘，它们并不会破坏水草根系。要保证提供精细的底砂以供红肚凤凰鱼挖掘刨弄，因为这是众多慈鲷鱼类繁殖方式的重要组成部分。红肚凤凰鱼很容易喂养，几乎进食任何能入口的饵料。

　　体长：雄鱼和雌鱼均为 7.5~10cm。

雄性红肚凤凰鱼体型比雌鱼稍大，背鳍和臀鳍呈尖状，而尾鳍在中央部分有延伸的鳍条

体型较小的雌性红肚凤凰鱼色彩也很生动艳丽，在准备产卵时腹部呈现亮丽的粉红色，鱼鳍与雄鱼相比要圆润而丰满

原产地

尼日利亚南部，主要为尼日尔河西部流域

繁殖方式

　　红肚凤凰鱼为典型的洞穴产卵鱼类，最好同时喂养6尾或更多鱼苗来促成自然交配，也可以选择购买一对成熟亲鱼。当亲鱼适应周围环境后，通常雌鱼先发起可持续一整月的求爱行为。在准备产卵时，雌鱼会选择一处产卵洞穴并诱惑伴侣进入其中。亲鱼在洞穴顶部产下多达250枚鱼卵，在3d后孵化出来，鱼苗在第7天能够自由游动。首先投喂鱼苗鳃足虫和微虫，过后添加鱼苗饵料。

理想生存条件

水质：弱酸和中等硬度的水质。

水温：24~25℃。

饵料：小而鲜活或冷冻的水生无脊椎生物，如水蚤、孑孓和红蚯蚓，以及薄片饵料。

水族箱最小蓄养数量：一对雌、雄鱼。

最小水族箱规格：60cm。

活动水域：底部到中部。

软硬适中的中性水质

水草区域

水温设定在24~25℃

水族箱规格为60cm×30cm×30cm

添入足够的岩石结构和洞穴，以便亲鱼选作为产卵地

THE TROPICAL AQUARIUM，Published by Interpet Publishing © 2010 Interpet Publishing

Photographers: HIDETOSHI MAKI

All rights reserved.

著作权合同登记号：图字 16—2014—109

图书在版编目（CIP）数据

　　热带鱼水族箱构建百科 /（英）吉娜·桑福德编著；章华民译. —郑州：河南科学技术出版社，2017.1

　　ISBN 978-7-5349-8515-7

　　Ⅰ.①热… Ⅱ.①吉… ②章… Ⅲ.①热带鱼类—观赏鱼类—鱼类养殖 Ⅳ.①S965.816

　　中国版本图书馆CIP数据核字（2016）第279446号

出版发行：河南科学技术出版社

　　　　地址：郑州市经五路66号　　邮编：450002

　　　　电话：（0371）65737028　65788613

　　　　网址：www.hnstp.cn

策划编辑：陈　艳

责任编辑：陈　艳

责任校对：崔春娟

封面设计：张　伟

责任印制：张艳芳

印　　刷：郑州新海岸电脑彩色制印有限公司

经　　销：全国新华书店

幅面尺寸：157 mm×185 mm　　印张：8.5　　字数：300千字

版　　次：2017年1月第1版　　2017年1月第1次印刷

定　　价：68.00元

如发现印、装质量问题，影响阅读，请与出版社联系并调换。